KB149586

1990년, 날이 저물어 갈 때 찍은 저와 제 아내 김정자 필로메나입니다. 당시 아내는 치매에 걸려 거동이 불편했습니다.

충남 청양군 청남면 인양리에 있는 제 생가를 뒷산에서 내려다본 모습입니다. 본채는 초가집이었고 그 앞으로 아버님이 거처하신 양철지붕의 건물이 있습니다. 옆으로 실개천이 흐르고 들판 너머로 백마강이 흐릅니다. 파리에서 활동하는 정택영 화백님이 그려 주신 작품으로, 정택영 화백님은 정지용 시인의 손자입니다.

정택영 화백님이 그려 주신 제 아버지 해은 한노수 선생입니다. 아버지는 면암 최익현 선생의 문인이셨습니다.

1938년 청양 청남 청소공립보통학교에 입학하러 갔을 때 아버지와 찍은 사진입니다. 당시 너무 어려서 입학하지는 못하고 집으로 돌아왔습니다.

저를 키워 주신 은사 지영린 박사님입니다. 이 사진은 제가 나이지리아에 가고 몇 년 후 한국에 잠시 나왔을 때 선생님을 찾아뵙고 당시 서울에서 제일 잘한다는 '허바허바사진관'에 모시고 가서 찍은 것인데, 은사님 작고 후에 사모님께서 제게 전해주셨습니다.

미국 미시간주립대학교의 존 E. 그래피우스(John E. Grafius) 박사님입니다. 따님 결혼식 때 저를 가족같이 따뜻하게 대해 주셨습니다.

가슴에 꽃을 달고 계신 분이 은사님 류달영 선생님입니다. 1992년 선생님께서 건국대학교 상허재단 이사장으로 계셨을 때 제게 상허대상을 수여해 주시는 모습입니다.

제가 나이지리아에 가서 23년간 하루도 결근 없이 출근했던 국제열대농학 연구소 정문입니다.

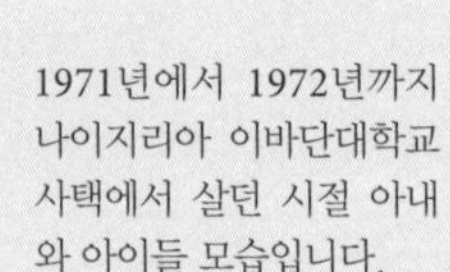

1971년에서 1972년까지 나이지리아 이바단대학교 사택에서 살던 시절 아내와 아이들 모습입니다.

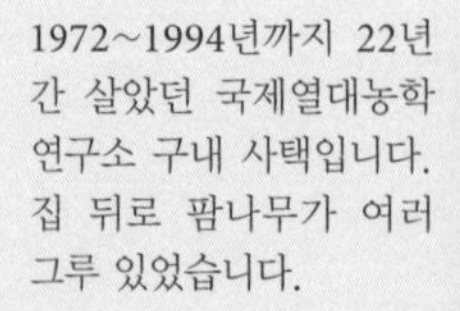

1972~1994년까지 22년간 살았던 국제열대농학 연구소 구내 사택입니다. 집 뒤로 팜나무가 여러 그루 있었습니다.

Daily Times

THE INDEPENDENT NEWSPAPER

Monday, January 21, 1974

WORLD FACES RISK OF FAMINE

THE entire world population faces a grave risk of famine unless food production improves this year.

Cassava plants dying out

CLEARING & FORWARDING

We have the capacity
We have the equipment
We have the men
We have the organisation too
in
PORT HARCOURT & KADUNA

maritime services limited

HENRY STEPHENS GROUP

Racists attacked

1974년 나이지리아 국영지《데일리 타임즈*Daily Times*》1면의 기사입니다.
"세계가 식량난에 직면하고 있다"

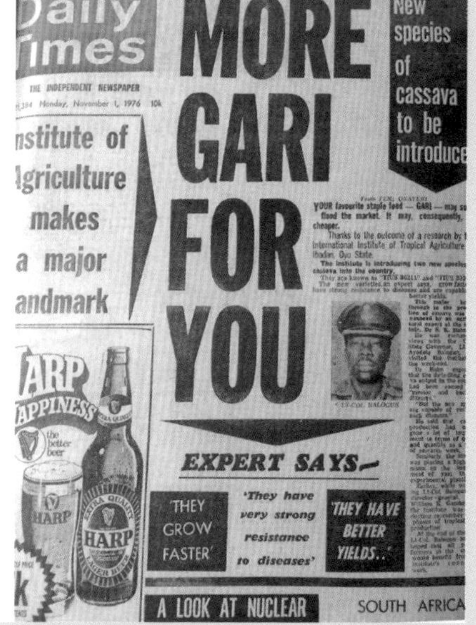

Daily Times

THE INDEPENDENT NEWSPAPER

Monday, November 1, 1976 10k

MORE GARI FOR YOU

EXPERT SAYS

'THEY GROW FASTER'

'They have very strong resistance to diseases'

'THEY HAVE BETTER YIELDS..'

New species of cassava to be introduce

Institute of Agriculture makes a major landmark

YOUR favourite staple food — GARI — may soon flood the market. It may, consequently, be cheaper.

Thanks to the outcome of a research by the International Institute of Tropical Agriculture, Ibadan, Oyo State.

HARP HAPPINESS the better beer

A LOOK AT NUCLEAR

SOUTH AFRICA

내병다수성 카사바 품종을 만들어 낸 후 1976년 같은 신문 1면에 실린 기사입니다. "이제 우리가 먹을 수 있는 가리(카사바 가공 음식)가 더 많아졌다"

1983년 나이지리아 이키레읍 오바(왕)로부터 '세리키 아그베(농민의 왕)'이라는 칭호의 추장으로 추대되어 대관식을 치르는 모습입니다. 아래 사진에서 오른쪽이 이키레읍 오바이고 왼쪽이 우리 내외입니다.

1983년 추장 대관식이 끝난 다음 해 1984년에 나온 이키레읍 연감입니다. 아래에서 두 번째 줄 가운데에 저와 제 아내 사진이 실려 있습니다.

나이지리아에서 아내는 플라스틱 물통도 기워서 사용할 만큼 검소하게 지냈습니다.

1993년 이키레읍 추장의 아내 김정자가 나이지리아 여인들과 파티에 참석하고 찍은 사진입니다.

1994년 우리 부부가 나이지리아를 떠나게 되었을 때 이키레읍 오바와 모든 추장이 모여 송별 모임을 해 주었습니다.

23년간 근무한 나이지리아 국제열대농학연구소를 떠나 세 아이들이 있던 클리블랜드에서 살 때입니다. 봄, 여름, 가을, 겨울에 찍은 우리 집입니다.

나이지리아의 건계가 시작될 때쯤 찍은 사진입니다. 카사바(왼쪽)는 옥수수(오른쪽)보다 가뭄에 강합니다.

1973년 카사바가 바이러스 병과 박테리아 병에 걸려 죽어가고 있었습니다.

병충해에 강한 카사바를 개량하기 위해, 브라질에서 도입한 카사바의 근연종(사촌) 야생 카사바(뒤쪽 키 큰 식물)와 재래종 카사바(앞쪽 키 작은 식물)를 종간 교잡하여 내병다수성 카사바를 만들어 냈습니다.

앞쪽 식물이 나이지리아 재래종 카사바 품종이고, 뒤쪽 식물이 제가 개량한 내병다수성 카사바 계통입니다. 재래종은 바이러스 병과 박테리아 병에 취약하여 모두 죽었지만 내병다수성 카사바 계통은 건강하게 자라고 있습니다.

브라질에서 도입한 내병다수성 야생종 카사바와 나이지리아 재래종를 대대적으로 교배하여 종간 교배종자를 얻었습니다. 날아오는 벌을 막기 위해 사용한 하얀 천 주머니는 제 아내가 만들었습니다.

수많은 카사바 교배종자를 베드에 심어 기른 다음 묘본을 포장에 이식하여 내병성 검정을 했습니다.

연구소 직원들이 카사바 교배 묘본을 포장에 심은 다음, 하나하나 박테리아균을 주사기로 접종하여 내병성을 검정하는 모습입니다.

내병성이고 뿌리가 잘 형성된 카사바 묘본의 줄기를 잘라 심어 계통화(클로닝)해서 내병성과 수량성을 예비 검정했습니다.

내병다수성 카사바를 만들어 심고 1년 후에 이렇게 많은 양의 카사바를 수확했습니다.

여러 환경 조건에서 지방연락시험을 실시한 다음, 가장 우수한 계통의 카사바를 농가에서 심어서 수확한 카사바 뿌리입니다.

제가 개량한 내병다수성 카사바 품종은 만들어진 이래 50년간 줄곧 바이러스와 박테리아에 저항성을 유지하고 있습니다. 참고로 한국 벼 장려 품종의 평균수명은 3~5년 정도입니다.

2배체 카사바(2x)의 가지에서 4배체 카사바(4x)가 자연적으로 생겨난 모습입니다.

왼쪽이 2배체(2x) 카사바이고 오른쪽이 4배체(4x) 카사바입니다. 4배체 카사바는 2배체 카사바보다 훨씬 왕성하게 자랍니다.

왼쪽이 2배체 카사바(2x)이고 오른쪽이 3배체 카사바(3x)입니다. 4배체 카사바와 2배체 카사바를 교배하여 3배체 카사바를 얻었습니다. 씨 없는 수박을 만들어 내는 원리와 같습니다.

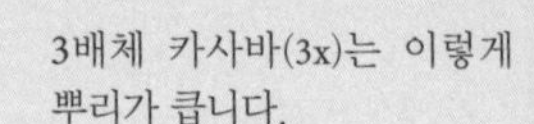

3배체 카사바(3x)는 이렇게 뿌리가 큽니다.

오른쪽 2배체 카사바(2x)보다 3배체 카사바(3x)의 수량이 훨씬 많이 나옵니다.

남미 파라과이에서 잘못 들여온 카사바 면충 때문에 카사바 잎이 흰색으로 뒤덮인 모습입니다.

흰색의 카사바 면충의 원산지 파라과이에서 도입한 천적 기생봉(검정색 곤충)을 대대적으로 증식한 뒤 비행기로 살포해서 몇 년 후에 카사바 면충을 퇴치했습니다. 이는 20세기 성공적인 생물학적 방제의 사례였습니다. 이때 국립열대농학연구소 제2대 소장 빌 갬블 박사님의 후원이 컸습니다.

심한 경우 카사바 면충 때문에 카사바 잎이 모두 떨어지기도 합니다. 카사바 잎은 중앙아프리카 사람들의 중요한 채소인데 당시 카사바 면충의 피해로 심각한 상황이었습니다.

카사바는 아프리카 여자들의 작물입니다. 제가 조수와 함께 내병다수성 카사바 품종 줄기를 트럭에 싣고 다니며 나이지리아 장바닥에서 나누어주었습니다.

또 내병다수성 카사바 품종의 줄기를 차에 싣고 다니다가 죽어가는 카사바가 보이면 그 옆에 심었습니다.

카사바 농가들이 개량 내병다수성 카사바를 심어 보고 만족해서, 카사바를 수확한 다음 남은 카사바 줄기를 길가에 내다 팔기도 했습니다. 옆에 그득히 쌓인 것이 판매하기 위해 내놓은 카사바 줄기입니다.

전통 시장 바닥에서도 개량된 내병다수성 카사바 줄기를 가득히 내다 놓고 팔았습니다.

내병다수성 카사바 줄기를 머리에 가득 이고 기뻐하는 엄마와 아이의 모습입니다.

나이지리아 농민의 어려운 실정을 듣고 있는 제 모습입니다.

좋은 카사바 품종을 만들었으니 심어 보라고 설득하고 있습니다.

얌은 긴 덩굴성 작물이어서 2~4m 정도의 지주로 덩굴을 떠받쳐 올려야 합니다. 심을 때 땅을 고르기가 매우 힘들어서 힘센 남자들의 노동력이 필요하고 고가의 작물이어서 얌을 남자의 작물이라고 합니다.

아래쪽에 놓인 작은 얌이 씨얌입니다. 이 씨얌을 심어서 뒤에 있는 큰 얌을 생산합니다. 큰 얌을 가공해서 먹고 남으면 시장에도 내다 팝니다. 큰 얌의 크기는 10kg 정도 족히 되어서 얌을 부자의 음식이라고 합니다.

씨암을 심을 때 사질토는 숲을 불 질러 태우고 평지의 땅을 깊게 파서 심습니다. 매우 까다롭고 힘든 작업입니다.

점질토는 커다란 괭이로 높고 큰 둑을 만들어 씨얌을 4개 정도 심습니다.

이렇게 큰 괭이로 흙을 파 올려 두둑을 만들고 씨얌을 깊숙이 심어야 하니 얌을 심는 일은 꽤나 중노동입니다.

제가 들고 있는 것이 20kg이
나 되는 큰 얌입니다.

얌은 인삼처럼 모양이 참으로 묘하게 생긴 것도 있습니다. 신비의 작물은 모양도 신비스러운가 봅니다. 제가 들고 있는 얌은 남성이고 여자 직원이 들고 있는 얌은 여성입니다. 얌은 자웅이주로 남자(웅성) 얌과 여자(자성) 얌이 따로 있습니다.

얌을 채집하기 위해 나이지리아 이바단에서 카메룬 야운데까지 타고 갔던 자동차입니다. 이 자동차를 타고 좁은 비포장 도로를 달렸습니다. 나이지리아 내란이 종식되고 얼마 안 되었을 때였는데 담력도 컸던 것 같습니다. 뜨거운 날씨에 자동차 엔진이 과열되기도 했지만 무사히 다녀왔습니다.

씨얌을 벽에 높이 쌓았습니다. 이게 1정보의 땅에 필요한 씨얌의 양입니다. 이렇게 얌을 재배하려면 고가의 씨얌이 많이 필요한데 씨얌을 확보하는 일은 쉽지 않습니다. 따라서 얌 재배에는 비용이 꽤 많이 듭니다.

얌은 비교적 저장성이 좋은 작물입니다. 나무 그늘 밑에 살강을 만들어 얌을 저장합니다.

카사바 뿌리를 가공해서 만든 가리(gari)입니다. 가리를 만들 때 팜유를 넣어 볶으면 노랗게 됩니다. 노란 가리는 흰 가리보다 더 영양가가 있고 맛이 좋아서 선호합니다. 이 가리는 가공 과정을 거쳐 청산을 제거한 것입니다. 가리에 뜨거운 물을 넣고 저으면 떡처럼 찰기가 생겨 먹기에 편리합니다.

또 다른 카사바 가공법입니다. 카사바 뿌리를 3~4일간 물에 담갔다가 건져 껍질을 벗기고 햇빛에 말립니다. 그러면 뿌리에서 청산이 빠져나가고 전분만 남습니다.

햇빛에 말린 카사바 가루입니다.

카사바 가루를 절구에 담고 뜨거운 물을 넣은 다음 저어서 푸푸(fufu)를 만드는 모습입니다.

손을 씻고 소스가 담긴 그릇에 푸푸를 담아 손으로 떼어 만지작거리면서 질감을 느끼고, 입에 넣고는 씹지 않고 그냥 꿀꺽 삼킵니다. 이런 식습성이 서부 중부 아프리카 전역에서 행해지고 있습니다.

카사바 가루로 만든 '치광'입니다. 카사바 가루를 나뭇잎에 쌓아 솥에 넣고 삶아 치광을 만듭니다. 매우 위생적이고 맛도 좋습니다. 이것을 손으로 떼어내 수프에 적셔 먹습니다. 중부 아프리카에서 널리 먹는 음식입니다.

동부 아프리카에서 널리 사용하는 또 다른 카사바 가공 방법입니다. 말린 카사바 뿌리와 수수, 조 등을 함께 빻아 나온 가루로 푸푸를 만들어 먹습니다. 잡곡이라 영양이 더 좋습니다.

국제열대농학연구소는 아프리카 농업인들을 초청하여 2~3개월 훈련시켜 자국에 보냈습니다. 이들이 카사바 포장에서 훈련받고 있는 모습입니다.

르완다의 애제자 조지 은다마제
제가 훈련 때 알려준 대로 르완
중앙농업시험장에서 고구마 포
시험을 하는 장면입니다. 이 모
을 보고 아주 기뻐했던 기억이
니다.

르완다의 또 다른 애제자 조셉 물링다가보가 자국에 가서 제가 훈련 때 알려준 방법대로 고구마 교배와 카사바 포장시험을 하는 모습입니다.

GUINNESS AWARDS FOR SCIENTIFIC ACHIEVEMENT

On the basis of research laid before the international panel of judges in London

Dr. Sangki Hahn

has been awarded the GASA medal for scientific achievement in the service of the community

Director Date

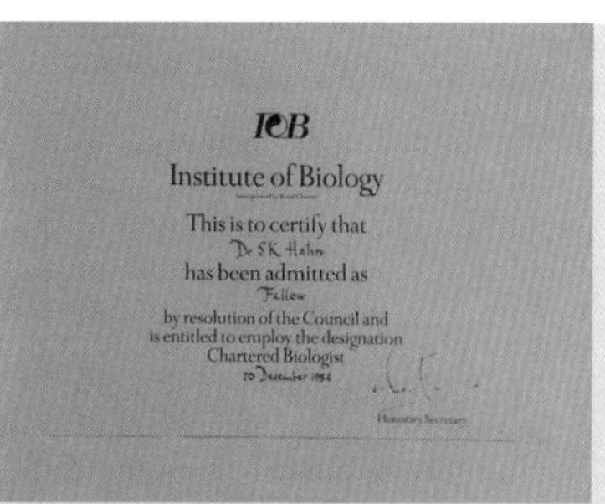

IOB

Institute of Biology

This is to certify that

Dr SK Hahn

has been admitted as

Fellow

by resolution of the Council and is entitled to employ the designation Chartered Biologist

Honorary Secretary

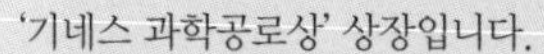

'기네스 과학공로상' 상장입니다.

영국 생물학술원 펠로우 증서입니다.

브라질 환경 장관님에게 공로상을 받는 모습입니다. 옆에 검은 양복 입은 분이 브라질리아 대학교 총장님입니다.

나이지리아 정부에서 만든 국제열대농학연구소 20주년 기념 우표입니다. 우표에는 모두 제가 연구한 작물이 담겨 있습니다.

2022년 4월 농촌진흥청에서 열린 제2회 '농업기술 명예의 전당' 헌액식 모습입니다. 네 분이 헌액되었는데 그중 제가 유일한 생존자였습니다.

'농업기술 명예의 전당' 헌액식을 마치고 헌액자들의 동판 초상화 제막식을 하고 있습니다.

빌 갬블 국제열대농학연구소 제2대 소장. 늘 저를 매우 아껴 주셨고 응원해 주신 분으로 현재 104세로 생존해 계십니다.

1976년 콩고공화국 믐바시 카사바 밭에서 포레스트 힐 박사님과 함께한 모습입니다.

카사바 4배체와 2배체를 교배하여 만든 3배체 카사바 뒤로 미스터 추쿠마의 모습이 보입니다. 나이지리아에서 제 연구를 도와주었던 충복이자 조수입니다.

1973년 맥나마라 전 세계은행 총재님(왼쪽 두 번째)이 국제열대농학연구소를 방문했을 때 함께 찍은 사진입니다.

아프리카 신비의 나무, 바오바브나무 앞에서

사람이 죽으면 바오바브나무 밑을 도려내어 문을 만들고 그 안에 시체를 집어넣어 봉합니다. 시간이 가면서 문은 저절로 닫힙니다. 배우자가 죽으면 다시 그 속에 합장합니다. 사람은 바오바브나무 열매, 잎, 껍질을 이용하며 살다가 죽어서는 바오바브나무 안에 들어가 거름이 됩니다. 참으로 놀랄 만한 자연의 섭리입니다.

작물보다
귀한 유산이 어디 있겠는가

작물보다 귀한 유산이 어디 있겠는가

아프리카 농민의 왕
식물유전육종학자 한상기의 90년

초판 1쇄 펴낸날 | 2023년 6월 20일

지은이 | 한상기
펴낸이 | 고성환
펴낸곳 | (사)한국방송통신대학교출판문화원
03088 서울시 종로구 이화장길 54
전화 1644-1232
팩스 (02) 741-4570
홈페이지 https://press.knou.ac.kr
출판등록 1982년 6월 7일 제1-491호

출판위원장 | 박지호
편집 | 신경진
본문 디자인 | 티디디자인
표지 디자인 | 플랜티

ISBN 978-89-20-04683-4 03480

값 17,000원

아프리카 농민의 왕, 식물유전육종학자 한상기의 90년

작물보다 귀한 유산이 어디 있겠는가

한상기 지음

일러두기

- 이 책은 한상기 박사의 자서전으로, 그동안 출간된 한상기 박사의 저서와 페이스북 계정의 내용이 일부 포함되어 있습니다.
- 외래 인명과 지명은 외래어표기법에 따랐습니다.
- 본문에서 토지 면적의 단위로 사용하는 '정보(町步)'는 경술국치 이후 1960년 미터법이 법으로 정식 발효되기 전까지 쓰인 단위로, 1정보는 3,000평, 약 9,917.4m^2에 해당합니다.

이 책을 선친 한노수 선생님,
은사 지영린 박사님과 존 E. 그래피우스 박사님,
류달영 박사님께 바칩니다.

아무리 강한 나무도 혼자서는 오래 살지 못한다.

– 가나 아칸족 격언

차례

3. 가난의 길

나의 연구로 가난의 고통을 덜어줄 수 있다면

4. 보상의 길

내가 걸어간 길이 누군가의 미래가 되길

5. 지혜의 길

아프리카의 지혜로 우리의 젊음을 깨우다

6. 사색의 길

일상의 짧은 생각으로 나를 돌아보다

7. 은퇴의 길

이제 90년의 험한 인생을 정리하며

에필로그

프롤로그

길은 나그네에게 말을 걸지 않는다

踏雪野中去　답설야중거

不須胡亂行　불수호란행

今日我行跡　금일아행적

遂作後人程　수작후인정

눈 덮인 들판을 걸어갈 때

함부로 어지러이 가지 말라

오늘 내가 가는 발자국은

반드시 뒷사람의 이정표가 될지니

90을 넘긴 나이에 제 인생을 돌아보니 문득 서산대사가 남긴 이 시구가 떠오릅니다. 저는 제 인생의 절반 이상을 식물유전육종학 연구와 아프리카의 가난을 구제하기 위해 노력했던 과학자입니다. 과학자는 연구실 안에만 있는 사람이 아닙니다. 제가 하는 연구가 내 가족, 내 이웃, 우리 인류를 위해 어떤 도움이 될지를 보다 멀리 보며 살아야 합니다. 저는 좀더 편안하고 명예로운 길이 있었음에도 아프리카를 선택했습니다. 영국 케임브리지대학교에서 식물유전육종학 연구를 할 수 있는 기회가 있었는데 왜 아프리카 험지를 가려 했을까요? 궁극적으로 제가 배워 익힌 식물유전육종학이 긴요히 쓰일 수 있는 곳이 그곳이라 판단했기 때문입니다. 저는 제 인생의 가장 큰 보람을 바로 이 선택의 순간이라 생각합니다.

저는 종자(씨앗) 개량 전문가입니다. 씨앗은 우리가 먹을 식물, 식량을 키우는 근본입니다. 그런데 종자 개량 연구를 하다 보니 제대로 된 종자를 갖지 못해 하루에 한 끼도 못 먹는 가난한 나라가 보였습니다. 서울대학교 농과대학 교수로 일하던 1971년, 저는 극심한 식량난에 허덕이는 아프리카 나이지리아로 가족들과 함께 날아갔습니다. 남편이자 아빠의 선택에 우리 가족들은 잠시 희생했지만 나이지리아는 물론이고 아프리카의 여러 나라가 가난에서 벗어나기 시작했습니다. 저는 나이지리아 국제열대농학연구소(International Institute of Tropical Agriculture, IITA)에서 구근작물 개량 연구에 매달렸고 세계 8대 작물 중 하나인 열대성 카사바의 내병다수성 품종을 개량해 냈습니다. 카사바는 25개 나라 8억 명이 주요 식량으로 삼는 주요 작물인데 우리나라 고구마와 비슷한 뿌리작물입니다. 그런데 제가 이 카사바를 연구하기 전까지는 나이지리아 재래종 카사바는 병충해에 너무 약해 쉽게 쓰러지고 수확량이 저조했습니다. 그래서 저는 내병다수성 카사바 품종을 만들어 나이지리아뿐만 아니라 그 주변 국가의 식량난 해소에 도움을 주었습니다.

우리는 4차 산업혁명을 이야기하고 기후위기를 이야기합니다. 이런 세상의 흐름에서 앞으로 과학자의 역할은 더 커질 겁니다. 후배 과학자들이 하는 연구가 우리 인류를 살리고 우리 지구를 살리는 일이라면 더할 나위 없이 위대하다고 생각합니다. 면역세포를 개발하고, 혈액형 분류법을 개발하고, 종자를 개량했던 사람들은 그야말로 위대한 업적을 남긴 과학자들이었습니다.

국제열대농학연구소에서 근무하던 당시 저는 나이지리아의 식량난 해결을 위해 잠시 지나가는 존재가 아니라 아프리카 땅에 가족과 함께 뿌리를 내린 그들과 같은 주민이었습니다. 케냐 키쿠유족 격언 중에 '길은 나그네에게 말을 걸지 않는다.'라는 말이 있습니다. 저는 아프리카 사람들에게 지나가는 나그네가 아니었고, 아프리카의 모든 사람, 모든 길은 저에게 말을 걸어왔습니다.

아프리카도 한때 숲이 우거졌던 시기가 있었습니다. 그런데 사람들이 점점 많아지면서 그 숲을 개간해 농지로 만들었습니다. 숲을 농지화하면 비와 복사열 등으로 토양이 유실되고 흙 속의 화학적, 물리적, 생물학적 물질이 다 쓸려가 버립니다. 이런 토양을 경작하다 보면 토양 산성도가 높아져서 작물 생육이 불가능한 상태가 됩니다. 아프리카에 사막이 점점 늘어나는 것도 이런 이유입니다. 이런 사막화로 인해 선조들이 우리에게 준 귀한 작물의 품종이나 야생종들도 점점 사라지고 있습니다. 작물은 우리 인간의 생명을 유지해 주는 중요한 존재들인데 이게 사라진다면 우리 후손들은 어떻게 살아갈 수 있을까요? 작물을 제대로 연구하지 않는다면 가난의 대물림 정도가 아니라 배고픔의 대물림 그 이상의 악순환을 만들 겁니다. 저는 그게 두렵습니다. 우리 아이들의 입에 맛있는 음식이 들어가면 안 먹어도 배부른 게 부모 마음이고 어른 마음입니다. 과학자라면, 식물과 작물을 연구하는 과학자라면 우리 후손들이 배고프지 않도록 연구하고 또 연구해 주십시오. 지금 지구 곳곳에는 우리 과학자들이 해야 할 일이 참 많습니다.

기후변화로 인해 인류가 작물을 재배하고 수확할 수 있는 농경지가 점점 줄어들고 있습니다. 지금은 우리가 살고 있는 대한민국이 풍족하다고 생각하겠지만 변화된 기후, 비옥함을 잃어버린 토양, 병해충 등으로 식량위기를 맞이할 수도 있습니다. 우리 후배 과학자들에게도 미래에 닥칠 수 있는 식량위기에 대한 진지하고 간절한 연구가 필요할 것 같습니다.

테오도르(Theordore Hesburgh) 신부님의 기도문을 소개하고 싶습니다. "주여, 굶주리는 이에게 밥을 주시고 밥이 있는 이에게는 정의를 향한 굶주림을 주소서." 이 기도문은 제가 23년간 일했던 국제열대농학연구소의 라고스 영빈관 벽에 걸려 있었는데 연구소 직원뿐만 아니라 연구소를 찾는 외빈들의 심금을 울렸습니다. 테오도르 신부님은 세계 기아 해방을 위하여 설립된 필리핀 국제미작연구소(IRRI)를 비롯하여 여러 국제농업연구소를 태동케 한 록펠러 재단 이사장을 역임하신 분입니다. 이 기도문은 우리 젊은이들에게 더욱 필요한 내용이라고 생각합니다.

저는 《작물의 고향》이라는 책에서 우리 인류를 먹여 살리는 작물들이 어느 땅에서 내 밥상까지 왔는지를 더듬어 보았습니다. 작물의 8대 발원지를 처음 제시한 러시아 식물유전육종학자 니콜라이 바빌로프(1887~1943)의 연구에 뿌리를 두고 9번째 발원지인 서아프리카를 제 나름대로 연구 보완해서 추가했습니다. 바빌로프는 서부 아프리카에서 발상한 벼, 수수, 조, 수박, 참외, 기름야자(오일팜), 흰 마 등의 원산지를 밝힌 적이 없는데, 그가 남긴 기록에 서부 아프리카에 대한 언급이 전혀 없는 것으로 미루어 이곳을 탐사하지 않았을 가능성이 컸다고 생각합니다. 저는 지구를 20바퀴 돌며 30여 년간 식물유전육종학을 연구했고 그동안 만들었던 여권만 해도 엄청나게 많습니다. 그 여권들이 제가 지나온 흔적일 겁니다.

어느덧 90살을 넘긴 은퇴한 과학자가 되었습니다. 가족들의 희생을 밑거름으로 참 고단한 식물육종학 과학자의 길을 걸어왔습니다. 식물은 느리고 조용한 혁명을 한다고 합니다. 《작물의 고향》을 쓴 저는 이제 조용하게 작물의 혁명을 준비합니다. 그리고 그 전에 아프리카 사람들이 땅에 바친 이 기도를 드립니다. "저는 당신에게 갑니다. 당신에게 빕니다. 제발 저에게 양식을 주시고, 살아가는 데 필요한 양식과 모든 것을 주십시오." 무언가를 달라고 하기 전에 땅에 먼저 기도하는 사람들이 아프리카 사람들입니다. 작물의 혁명은 바로 이렇게 아프리카 사람들의 마음을 닮는 것부터 시작해야 합니다. 아칸족 격언에 '과거를 언제나 귓전에 남겨두기를'이라는 말이 있습니다. 아프리카에 바친 저의 연구 생활과 업적, 그리고 가난한 사람들을 위한 저의 모든 과거의 몸짓이 비에 쓸려 떠내려가는 종자가 되지 않기를 바랍니다. 저의 그 연구 흔적들이 후배 과학자들의 귓전에 남아 있기를 바랍니다.

90년 인생 뒤안길에서 그동안 제 시간과 공간 속에서 함께한 분들에게 진심으로 감사드립니다. 저는 늘 그렇게 저와 인연으로 연결된 사람들로부터 많은 위안과 격려를 받았습니다. 제가 비록 아내를 먼저 보내고 혼자 살고 있지만, 날마다 큰딸이 저를 챙겨 주러 오고 또 틈나는 대로 다른 사람들과 이야기를 나눕니다. 고등학교와 대학교 친구, 그리고 페이스북으로 만난 다양한 사람들과 공간을 뛰어넘어 소통하고 있습니다. SNS는 아프리카 사람도 미국 사람도 PC나 스마트폰 안에서 다 만나게 해줍니다. 나이는 들었지만 문명의 편리함을 나름 잘 활용하고 있습니다.

2010년부터 페이스북을 했는데 페이스북 메모를 포함해 지금까지 모아 놓은 공책만 200여 권이 됩니다. 한때 어줍지만 제 감성을 담아 시집도 냈고, 제 꿈 이야기를 모아 책도 냈습니다. 그런데 이제는 제가 일상을 살면서 느낀 과학자의 삶, 우리 후배 과학자들이 걸어가야 할 길에 대한 이야기를 이 책에 담아 보고자 합니다. 제 종자를 여러분에게 심어 보고자 합니다. 어떤 다양한 종자로 변이되고 발아가 될지는 저도 잘 모릅니다. 무엇이 되었든 우리 후손들이 배고프고 가난하지만 않게 해달라고 소박하게 빌어 봅니다. 이 지구상에 가난한 사람들이 더 이상 없도록 해달라고 빌어 봅니다.

저는 90살이 넘어도 새로운 일에 도전하고 싶습니다. 그리고 그 도전의 시작을 이 책으로 먼저 하려고 합니다. 제가 그렇게 살아왔듯이 제가 도전하며 걸었던 여정이 뒷사람을 위한 길이 되었습니다. 그 길이 누군가에게 지름길이 되고 깨달음의 디딤돌이 되었으면 하는 소박한 바람을 가져 봅니다. 그리고 100세가 되어 또 다른 도전의 첫인사 글을 쓸 수 있기를 빌어 봅니다. 저의 90년, 그리고 앞으로의 인생을 겸손한 마음을 담아 하느님께 봉헌합니다. 감사합니다. 사랑합니다.

수원 광교에서 파암 한상기

1

도전의 길

나는 무엇을 위해 공부하고 도전했는가

내 길 관문 못 뚫어 언제나 부끄러운데
나침반 흔쾌히 얻어 그대와 더불어 오르라네.
바라보는 가운데 가파르고 험난함 있으면
애오라지 경계해야 하리니.
속세에서 재능을 감추었대서
어찌 비겁하다 하리오?
공이 샘에 미치니 버려진 우물 없고,
일은 옥을 닦는 데 다른 산의 돌에 힘입음과 같다네.
고리 속의 뜻 모름지기 마음으로 깨달을 수만 있다면
인간 세상 분수 바깥의 한가로움 길이 점쳐 보려네.

– 왕을 대신하여 퇴계 이황 선생이
나의 선조 할아버지 진사 한윤명 선생에게 쓴 시

모든 것은 때가 있는 법이지

“아프리카라고 하셨나요?”

“카사바를 연구한다고?”

“영국이 아니라 나이지리아로 간다고?”

“교수님, 왜 케임브리지대학교를 포기하신 건가요?”

다들 믿기지 않아 이런 얘기를 했습니다. 어떤 선택의 순간 앞에서는 늘 그렇듯이 우려와 걱정이 느껴집니다. 편안하게 서울대 농과대학 생활을 해도 좋았을 겁니다. 그런데 저는 그 편안함을 뒤흔드는 두 개의 제안을 받았습니다. 하나는 영국 케임브리지대학교 식물육종학 연구소였고 다른 하나는 아프리카 나이지리아

소재 국제열대농학연구소였습니다. 하나는 명예의 길이었고 다른 하나는 도전의 길이었습니다. 저는 결국 명예보다 도전을 택했습니다. 그리고 그 선택이 제 운명이 되었습니다.

인생은 B(Birth)와 D(Death) 사이의 C(Choice)라고 샤르트르가 말했습니다. 태어날 때부터 죽을 때까지 선택의 연속이라는 얘기입니다. 선택이 자신의 운명을 바꿀 만큼 중요한 순간도 찾아옵니다. 그런데 그 순간은 그냥 오는 게 아닙니다. 태어난 순간부터 무수히 경로를 바꾸어 온 선택의 축적된 시간이 그 순간을 만듭니다. 저의 아프리카행은 어느 한순간 번쩍하며 만들어진 게 아니라는 얘기입니다. 무언가 끌어당김이 있었을 겁니다. 제게 그 끌어당김의 가장 큰 힘은 농사, 작물, 식물, 종자, 식량으로 집약됩니다. 농사꾼 집안에서 태어났기에 농사의 소중함을 너무 잘 압니다. 구휼, 배고픔을 구제하려고 했던 선조들의 유전자가 있었기에 식량에 대한 소중함도 그 누구보다 절실하게 인지했습니다. 그런 생각과 가치, 유전자들이 융합되어 저를 가난과 배고픔의 땅 아프리카로 향하게 했을 겁니다.

지금의 저를 만든 것은 오로지 제 자신의 힘만이 아니라는 걸 너무 잘 압니다. 교육의 중요성을 일깨워 주신 부모님의 가르침과 한국전쟁의 열악한 상황에서도 공부의 끈을 놓지 않았던 열정,

그리고 우장춘 박사님, 지영린 선생님, 그래피우스(Grafius) 박사님 등 저를 가르친 스승님들이 아프리카로 가는 제 도전과 열정에 에너지를 주신 분들이라고 생각합니다. 나이 90이 넘으니 그 분들의 힘이 새삼 느껴집니다. 그래서 옛날의 가르침을 돌아보면 다시금 감사의 마음이 더 큽니다. 사람도 다른 생물과 매한가지로 몸과 마음이 위치한 환경의 영향을 받게 마련입니다. 특히 유년기의 환경은 매우 중요합니다. 환경요소 가운데 가장 중요한 것은 부모님일 겁니다. 그리고 다음 요소는 성장한 장소와 시기라고 생각합니다. 사람은 태어날 때 이 두 가지의 영향을 받고 자랍니다. 이것을 운명론자들은 운명이라고 얘기합니다. 1933년 일제 강점기에 태어난 제 운명은 저의 의지와 상관없이 그 시기의 여건에 영향을 받을 수밖에 없었습니다. 일제 강점기 선인들의 활약상은 부모님 혹은 이웃 어른들을 통해 조금씩 들었던 것 같습니다.

저는 평소에 중요한 이야기를 늘 메모하는 버릇이 있습니다. 그래서 그동안의 기록을 모아 놓은 공책이 많습니다. 그 기록이 결국 제 역사가 될 겁니다. 한 개인의 역사는 조그만 샛강일 것이고 그 물줄기들이 모여 역사의 큰 바다로 흘러갑니다. 제 역사는 우리 시대의 물줄기에서 자유롭지 못합니다. 비록 어렸지만 한자를 익히고 한글을 익히면서 내 부모님, 내 이웃, 내 나라의 현실이 조금씩 눈에 들어왔습니다. 그리고 제가 어쩔 수 없는 그 현실에 어른들의 한숨을 만났습니다. 당시 어린아이들이 할 수 있는 게 뭐 있었겠습니까? 그냥 어른들의 말씀을 잘 따르는 게 현명한 일이었을 겁니다. 그게 운명이었습니다. 저는 아버지 밑에서 한자를 배우고 조상님들의 업적을 들으면서 저도 모르게 조상의 유전자, 부모의 유전자가 저에게 흘러들어 왔음을 압니다. 그 유전자가 있었기에 저의 공부 유전자가 성장했을 것이고 그 덕분에 학자의 길을 걸어갔다는 것도 잘 압니다. 지금 이 책을 읽는 여러분도 여러분의 조상이나 부모님으로부터 받은 유전자가 여러분의 내일을 이끌어 갈 에너지가 될 것입니다. 세상에는 그냥 얻어지는 건 없습니다. 자신에게 온 그 소중한 것들에 감사하기 위해서라도 저는 우리 후손들에게 뿌리의 소중함을 알라고 늘 당부합니다.

저는 교육열이 높으신 부모에게서 태어나고 자랐습니다. 선대 할아버지들은 토지 증식에 주력했지만 아버지만큼은 자녀 교육에 더 전념하셨던 것 같습니다. 아버지의 교육 가운데 제일 먼저는 어른들에게 인사하는 겁니다. 그게 사람의 기본이라고 말씀하셨습니다. 저를 데리고 다니시면서 어른을 만나면 머리 숙이고 공손히 절하라고 했습니다. 이것이 제 몸과 마음에 자연스럽게 스며들었습니다. 우리가 살아가는 데 자기 개인의 꿈과 이를 이루려는 도전과 공부도 중요하지만 인사는 정말 사회생활의 첫 번째 덕목이라 생각합니다. 그걸 부모님께서 가르쳐 주셨습니다. 저는 그 덕분에 훗날 은사님들과 상관 그리고 친구들과 돈독한 사이를 유지했던 것 같습니다.

부모님이 저에게 인사 다음으로 알려주신 것이 인생에서 '이 다섯 가지는 절대 하지 마라'라는 오물(五勿)이었습니다. 나무에 올라가지 마라, 수영하지 마라, 노름하지 마라, 빚 보증 서지 마라, 그것 함부로 쓰지 말고 조심하라. 이 다섯 가지 하지 말라는 것이 어쩌면 저를 소극적인 사람으로 만들었는지 모릅니다. 그러나 저는 오물을 올곧게 세상을 살아가라는 말씀으로 받아들였습니다.

어린아이들은 공부도 중요하지만 잘 놀아야 합니다. 저도 어릴 적에는 동리 앞 둠벙에 가서 친구들과 멱을 감으며 신나게 물고기를 잡고 놀았던 기억이 납니다. 계곡이나 냇가에서 손으로 오목하게 파진 곳을 훔치면 붕어가 손에 잡혀 팔딱거립니다. 그 생동하는 촉감이 뭐라 말할 수 없이 좋았습니다. 그런데 어느 날 큰 형이 자전거를 타고 제가 친구들과 놀고 있던 둠벙에 와서는 제가 벗어 놓은 옷을 가지고 가버린 일이 있었습니다. 저는 할 수 없이 벌거벗은 몸으로 털렁털렁 집으로 돌아갔고 아버지의 벼락 같은 호통을 온몸으로 감수해야 했습니다. 아버지가 호통을 치신 이유는 벌거벗은 몸으로 집에 돌아왔기 때문이 아닙니다. 얼마 전 친한 친구가 제가 보는 앞에서 백마강에서 수영하다가 익사했던 일이 있었습니다. 아버지는 그 생각이 나서 물을 조심하라고 당부했는데 제가 그걸 어겼기 때문입니다. 또 당시 시골에는 노름하며 패가망신한 사람들이 많았던 기억이 납니다. 아버지는 동네 사람들이 노름하는 것을 관에 고발하기도 하면서 노름을 말렸습니다. 아버지는 참 올곧은 사람이었던 것 같습니다. 그 올곧음이 저를 학자의 길에서 한눈팔지 않고 걸어갈 수 있게 만들었다고 생각합니다.

아버지의 가르침 중에 가장 중요한 것은 때를 놓치지 말라는 말씀이셨습니다. 농사도 공부도 다 때가 있다고 강조하셨습니다. 그래서 아버지는 어린 제게 종종 이렇게 일러 주셨습니다. "벼를 심고 가꾸고 거두는 때가 있다. 이때를 놓치면 폐농하는 법이다. 그처럼 사람에게도 심고 가꾸고 거두는 때가 있다. 이때를 놓치면 삶을 폐농하는 법이다. 이때를 놓치지 마라." 아버지의 이 말씀이 제 인생의 채찍이 되어 때를 놓치지 않으려고 열심히 공부했습니다. 때를 놓치지 않게 심을 때 심고 김맬 때 김매 주고 거둘 때 거두어들이려고 노력했습니다. 저는 어머니로부터 한 번도 혼난 적이 없습니다. 어머니는 제가 하는 일을 묵묵히 지켜봐 주셨고 그저 열심히 자식들의 장래를 위하여 기도해 주셨습니다. 청양에서 계룡산 신원사까지 매년 70~80리를 걸어가서 불공을 드리셨고 장독대에 축원하여 주시곤 하셨습니다. 무엇을 위하여 불공을 드리고 축원하셨을까요? 모두 자식들, 가족들을 위한 불공이셨고 축원이셨으리라 생각합니다.

제가 시골 국민학교(청남 청소공립보통학교) 1학년에 들어갔을 때 2차 세계대전이 발발했습니다. 전쟁이 나고 생필품이 떨어져서 제가 학교 정문 앞 송방에서 성냥을 산 기억이 납니다. 학교에서 십리 길을 걸어 집에 가서는 어머니에게 돈을 달라고 했고, 왔던 길을 다시 돌아가 송방 주인아저씨에게 성냥을 샀습니다. 성냥을 달라고 하니 주인아저씨가 저를 알아보시고 성냥통 하나와 낱성냥이 여러 개 들어 있는 봉지 하나를 주셨습니다. 저는 그걸 가지고 다시 집에 돌아와 어머니에게 드렸는데 어머니는 전쟁 중에 그 성냥을 쓰지 않고 불씨를 잘 관리해 두면서 유황 묻힌 나뭇개비로 불을 붙여 살림을 하셨습니다. 그렇게 전쟁 같은 일상을 넘어가다 보니 진짜 전쟁이 끝났습니다. 어머니는 제가 산 그 성냥을 쓰지 않으시고 장롱 깊숙한 곳에 두어 두셨다며 꺼내 보여 주셨습니다. 그 성냥이 뭐라고. 제가 평생 어머님을 기쁘게 해드린 일이 이것뿐인 것 같아 부끄러운 마음이 들고 그 옛날 성냥을 보면 어머니 생각이 저절로 납니다. 그리고 한숨 섞인 회한으로 '엄니!'라고 불러보게 됩니다.

저는 1933년 청양 칠갑산 남쪽 두메 마을 교통도 어려웠고 인근에 병원도 없는 곳에서 태어났습니다. 어머니가 산고로 3일이나 진통하는 바람에 아버지가 칠갑산 산길을 넘어 50리 길을 걸어가서 청양 양의를 모시고 와야 했습니다. 저는 아버지 은혜로 이 세상에 운 좋게 태어난 사람이라 할 수 있습니다. 제가 공부를 마치고 대학 선생을 하면서 어렵게 살던 때 부모님께 해드린 것이 전혀 없어서 마음이 더 아팠습니다. 제가 아프리카에 간다고 말씀드렸을 때 어머니는 가지 말라고 하셨습니다. 저를 말리시던 어머니는 제가 나이지리아로 떠나기 몇 달 전에 돌아가셨습니다. 저는 늘 어머니께 죄송한 마음이 너무 큽니다.

90 인생을 살아보니 제게 가장 귀한 가르침, 가장 큰 교육, 가장 큰 깨달음은 결국 부모님이었습니다. 여러분들의 스승은 누구인가요? 여러분들도 인생 가장 큰 스승으로 부모님을 생각하시길 바랍니다.

자연 속의 살아 있는 공부

"상기야! 이리 건너와서 어제 배운 천자문 외워 보그래."

'아, 아직 다 못했는데 어떻게 하지.'

저는 할아버지께 천자문을 배웠습니다. 한글이 아닌 한자를 먼저 배웠습니다. 할아버지는 우리 마을에서도 알아주는 한학자여서 저는 아주 훌륭한 선생님 밑에서 가르침을 받은 셈입니다. 그런데 한자 공부하는 게 왜 그렇게 싫었는지 모릅니다. 아무 뜻도 모르고 천자를 외우는 것이 너무 지루하고 싫었습니다. 그래서 어느 날은 할아버지 몰래 마룻바닥을 살살 기어서 대문 밖으로 도망치려 했는데 결국 덜미를 잡히고 말았습니다. 다시 할아버지 앞에 무릎 꿇고 한자를 외웠습니다. 하늘 천 따 지 검을 현 누를 황. 내용은 모르고 글자만 외우기 급급했던 것 같습니다. 그다음에 동네 서당에 가서 천자문을 떼었습니다. 친구들도 힘들어하기는 마찬가지였죠. 천자문을 다 떼고 나면 우리는 책거리를 하고 바로 동몽선습으로 들어갔습니다. 천자문과 동몽선습이 우리 어릴 적 교과서였습니다. 지금 아이들로서는 상상할 수 없는 공부였죠.

공부란 무엇일까요? 천자문과 동몽선습 등 한자를 달달 외우는 것만 공부는 아니었습니다. 그 시절의 공부는 책 안에만 있지 않았습니다. 돼지 먹이를 주고 소 풀 뜯게 해주는 것도 공부였습니다. 언제 씨를 심고 언제 수확해야 하는지도 배웠습니다. 자연의 법칙과 사람의 땀이 우리의 먹을거리를 만든다는 것도 알게 되었습니다. 어느 날은 들판에서 소 풀을 먹이고 날이 저물어 소를 앞세워 집에 돌아오고 있었습니다. 만약 사진을 찍었다면 한가한 목동의 풍경 그대로였을 겁니다. 그런데 희한한 장면을 목격했습니다. 저는 가만히 있는데 소가 우리 집을 잘 찾아서 가는 겁니다. 그게 참 신기했습니다. 그 당시 소는 가족이었습니다. 농촌 생활은 매우 고된 하루의 연속입니다. 소 역시 마찬가지입니다. 논밭을 갈고 써레질을 하고 무거운 짐까지 지고 날라야 합니다. 그런데 그런 힘든 일을 묵묵히 잘 따라줬습니다. 너무 기특하고 소중한 존재입니다. 여름에 폭염이라도 오면 우리 착한 소는 일하다가 지쳐 입에서 하얀 거품이 나왔습니다. 그럴 때는 냇가로 끌고 가 목을 축여야 합니다. 그렇게 우리는 서로를 배려하며 한 형제처럼 지냈습니다. 그게 당시 시골생활이었습니다.

그 당시 소는 집안의 큰 재산이었습니다. 농사를 도와주는 일꾼이었고, 새끼를 낳으면 집안의 살림을 키웠습니다. 그렇게 다

부려 먹고 늙으면 장에 내다 팔았습니다. 아주 딱한 팔자였죠. 어릴 적부터 저는 할아버지를 따라 근처 장터에 가서 소를 사는 방법을 배웠습니다. 할아버지는 좋은 소를 보는 눈을 갖고 계셨습니다. 가슴이 좍 벌어져서 됫박이 들락거릴 수 있는 소가 힘이 강하고 성깔이 있어서 그런 소를 사라고 하셨던 기억이 납니다.

어머니는 봄철에 작은 누에 알을 관에서 받아와 방 안에서 부화시켜 키웠습니다. 어린 누에(치잠)가 나와 자라면 뽕을 잘게 썰어서 먹이셨습니다. 저는 어머니를 따라 뽕나무밭에 가서 뽕을 따다 먹이곤 했습니다. 어머니는 누에가 더 자라면 누에섶에 옮겨 기르셨습니다. 저는 책 공부보다 이게 더 흥미로웠습니다. 누에가 껍질을 벗으며 무럭무럭 자라면 머리를 흔들며 기다란 명주실을 뽑습니다. 누에고치를 만드는 그 과정이 너무 신기하고 재밌었습니다. 어머니는 누에고치를 더운물에 넣고 삶아서 명주실을 뽑아내셨습니다. 그러면 고치 속에서 누에 번데기가 나옵니다. 누에 번데기를 그대로 두면 그 번데기를 뚫고 나방이 나와서 날아다니다가 다시 알을 낳습니다. 이렇게 알에서 유충으로, 유충에서 번데기로, 번데기에서 나방으로 변하는 모습을 유심히 관찰했습니다. 저는 누에의 변화 과정을 보면서 참 오묘하고 신비로운 자연의 모습과 사람의 지혜를 같이 배울 수 있었습니다. 바로 이런 게 살아 있는 공부였습니다.

제 고향은 칠갑산에서 흘러 내려오는 샛강 작천과 백마강이 만나는 지점에 있었습니다. 그래서 장마철이면 강물이 범람하여 약 700정보 되는 넓은 앞들이 바다처럼 변했습니다. 그러면 가난한 농부들이 애써서 지은 농사를 폐농하고 굶주림과 가난에 허덕였습니다. 1950년대 말에 저의 아버지가 주도하여 당시 고향 국회의원이었던 이상철 의원에게 이런 현실을 개선해 달라고 건의했습니다. 아버지는 앞들 수리사업을 추진해서 국고로 제방을 쌓고, 금강에서 물을 품어 올려 관수시설을 갖추고, 경지정리를 하고 농로를 만들어 옥토로 만든 초대 장평수리조합장이셨습니다. 당시는 우리나라 재정의 대부분을 대충자금(對充資金, 미국원조로 들여온 물자를 팔아 마련한 자금)에 의존하던 시대였습니다. 전 농림차관보와 농어촌개발공사장을 역임한 제 고향 친구이자 대학 친구는 제 고향에서 치렀던 아버님 공적비 제막식에 와서 이렇게 알려 주었습니다. 당시 재정이 형편없었던 시절 국고로 수리사업을 할 수 있었던 것은 기적이라고 말이죠. 이렇게 어려웠던 시절에 아버지의 주도로 수리사업을 진행한 결과 지금 고향 땅은 매우 비옥한 옥토가 되어 그 땅에서 농사짓는 주민들은 물난리 걱정 없이 매우 잘 살고 있습니다.

저는 어렸을 때 친구들과 어울려 놀았지만 혼자 노는 것도 좋아했습니다. 흘러가는 물을 이용하여 물레방아를 만들어 놀기도 하고, 대나무로 딱총을 만들어 팽나무 열매를 집어넣어 딱총을 쏘아 대는 놀이도 즐겨 했습니다. 가을에는 연을 만들어 하늘 높이 띄웠고 겨울에는 썰매를 만들어 빙판에서 놀았습니다. 팽이를 만들어 놀기도 하고 자전거 바퀴(굴렁쇠)를 사다가 돌려가며 즐기기도 했습니다. 팽이나 굴렁쇠 놀이를 하면서 세상만사 중심을 잘 잡고 균형을 유지해야 굴러간다는 것을 깨닫기도 했습니다. 놀이에서 뭔가를 배우려고 했던 것 같습니다. 그리고 해 시계를 만들어 해의 이동을 보아 시간을 알아본 적도 있습니다. 확대경으로 햇빛을 통과시켜 점화하는 것도 해 보았습니다. 저는 어려서 도움 없이 홀로 이런 놀이를 하면서 자연에서 많은 것을 배우고 익혔습니다. 훗날 과학자가 되어 궁리하고 창의적으로 연구하는 일을 좋아하게 된 데는 아마도 어렸을 때 시골에서 홀로 했던 이런 놀이가 크게 도움이 되었으리라 생각합니다.

저는 어떤 일을 미리 치밀하게 계획하고 추구하는 편은 아니었습니다. 제게 닥쳐오는 일을 그때그때 판단하여 처리하면서 일을 해나갔을 뿐입니다. 생각하고 움직이기보다 막연한 방향이라도 정해지면 움직이면서 생각했습니다. 저는 친구들보다 집에 책이 좀 많았습니다. 그래서 갖고 있던 잡지 중에 하나를 떼어 나누어 주니 아이들이 좋아하며 모여들곤 했습니다. 이때 저는 또 사람의 심리를 배웁니다. 작든 크든 무엇인가 얻는 게 있어야 한다는 것입니다. 갓난아이 적 어른들이 몸을 좌우로 흔들며 '불모 불모' 하면 어린 저는 앉아서 몸을 좌우로 예쁘게 흔들며 답례해서 어른들의 사랑을 듬뿍 받고 자랐다는 얘기도 여러 어른들께 들었습니다. 이때 얻은 버릇이 늙어서는 아침저녁으로 또 수시로 반정좌하고 두 손으로 발목을 잡고 상체를 좌우로 흔들어 '불모 불모' 하면서 몸과 목 운동을 하는 것인데, 그 덕분인지 허리와 목의 건강을 지키고 소화기능도 좋아진 것 같습니다.

우리의 배움은 책상머리 위에만 있지 않습니다. 우리가 배워야 할 것은 책 속에만 있지 않습니다. 해가 뜨고 지는 자연의 오묘한 원리, 싹이 트고 자라는 그 신기한 과정과 동물들의 묘한 움직임이 모두 다 공부입니다. 사람들 사이의 감정 속에도 배울 게 있고 내 몸의 움직임도 잘 관찰하면 공부 거리입니다. 결국 공부는 관심과 열정일 겁니다. 저는 그 관심과 열정이 자연과 식물에 많이 집중되었습니다. 그래서 제가 식물유전육종학자의 길을 가게 된 것이 아닐까 생각합니다. 지금 여러분이 어떤 걸 관심 있어 하는지 자세히 들여다보면 아마 여러분들이 가야 할 미래의 길이 보일 겁니다. 제가 그렇게 걸어왔듯이 말입니다.

우장춘, 내 인생의 가장 위대한 위인

제가 식물의 오묘함에 대해 깊은 감명을 받은 것은 중학교 때입니다. 그때 제 인생에 아주 중요한 인물을 만나게 됩니다. 일본이 대마도와 이 사람을 바꾸지 않겠다고 말할 정도로 위대한 사람. 대한민국 현대 농업기술을 비약적으로 발전시킨 이분을 빼놓고는 한국 농업도 제 유전육종학 인생도 얘기하기 힘들 겁니다. 그만큼 대단한 영향력을 가진 분이 바로 우장춘 박사님입니다. 중학교 때 국어 선생님이 우장춘 박사님 이야기를 해주셨는데 바로 그 이야기가 제 전공을 정하게 된 결정적 계기가 되었습니다. 사람들은 누구나 자신의 진로를 정하는 계기가 옵니다. 그 계기가 학창시절에 올 때도 있고 성년이 되어서 올 때도 있습니다. 그런데 그게 그냥 오는 건 아닙니다. 자신의 삶 속에 켜켜이 쌓인 생각과 가치가 그 계기를 끌어들이곤 합니다. 제게는 어릴 적 시골에서 부모님이 농사를 지으셨던 경험, 그리고 동네 사람들이 장마 때문에 농사를 망치고 밥을 굶어야 했던 경험일 겁니다.

우장춘 박사는 영국의 찰스 다윈에 비견될 만한 세계적인 학자입니다. 한때 영국 옥스퍼드대학교에서는 졸업식 때 우수상 수상자들에게 우 박사의 논문을 주기도 했다고 합니다. 저는 중학교 때 우장춘 박사님 이야기를 듣고 나서 대전고등학교에 다닐 때 식물육종학자가 되기로 마음먹었습니다. 고등학교에 들어가서도 저는 우장춘 박사님의 인생에 계속 관심을 가졌습니다. 한국에서는 일본에 머물고 계신 우장춘 박사를 한국으로 귀환시키려고 엄청난 노력을 했습니다. 왜 그랬을까요? 대한민국은 해방 이후 농업 생산력이 부족해서 우량 종자의 개발과 보급이 필수적이었습니다. 우장춘 박사님과 같은 농학 인재는 너무나 귀중한 존재여서 지금의 돈으로 환산하면 10억 원의 거액 이적료를 주고 우 박사님을 한국에 모셔왔습니다. 우 박사님은 이 돈도 한국에 뿌릴 우량 종자를 사는 데 다 써버렸다는 이야기가 있습니다.

당시 한국은 농업의 비중이 경제의 60~70% 차지하고 있었을 때였습니다. 식량부족으로 보릿고개를 겨우겨우 넘기며 허덕거리고 살았던 시절이었습니다. 쌀값이 올라가면 모든 물가가 올라가서 쌀값 잡기가 경제정책의 주요 과제였을 정도였습니다. 저는 이렇게 먹고살기 힘든 시절에 대학 진학 문제를 고민했습니다. 대학에 가야 하는가 말아야 하는가? 그러나 어릴 때부터 아버지께서 말씀하신 그 공부의 때를 생각했습니다. 지금 공부의 때를 놓치면 평생 기회는 없을 것이라고 생각했습니다. 우장춘 박사님처럼 뭔가 이 땅을 위해 보람 있는 일을 하려면 공부를 해야 했습니다. 특히 배고픔에 힘들어하던 이웃들이 눈에 들어왔습니다. 우리 이웃들의 식량부족에 대한 안타까움이 커서 저는 농학을 공부하기로 결정하고 서울대 농대(농생대)를 지망했습니다. 그런데 요즘 아이들처럼 편하게 시험을 볼 형편이 안 되었습니다. 제가 대학을 가야 할 바로 그 시점이 한국전쟁 중이었습니다. 저는 말 그대로 전쟁통에 시험을 쳤습니다. 그나마 한국전쟁이 주춤하던 1953년에 입학시험을 치러서 다행이고 감사하다 생각합니다. 당시 서울대 농과대학은 수원에 있었습니다. 학교에 가보니 전쟁 폭격으로 인해 건물이 파괴되는 등 상태가 아주 엉망이었습니다. 도저히 시험을 치를 상황이 아니었습니다.

"대강당으로 다 모이세요."
"무슨 시험을 강당에서 봐?"
"각자 자기 번호에 맞춰서 앉으세요."
"과거시험 보는 것도 아니고 앉아서 시험을 보라고?"

지금 생각하면 참 웃긴 장면입니다. 우린 그렇게 말도 안 되는 상황에서 대학 시험을 치렀습니다. 대강당에 그 많은 수험생이 모두 들어가 앉아 시험을 보는 장관이 연출됩니다. 저는 시험에는 자신 있었고 준비도 철저히 해서 꽤 좋은 성적으로 서울대에 입학했습니다. 그리고 제 인생의 운명과도 같은 학문인 농학과 인연을 맺게 됩니다.

대학교 2학년 때 저는 식물학 양서 한 권을 들고 수덕사로 들어갔습니다. 그 절에서 새벽에 불공드리는 스님들의 목탁 소리를 들으며 식물학 책에 빠져들었습니다. 그리고 마음 한편에는 나중에 우장춘 박사님과 같은 위대한 식물육종학자가 되겠다는 간절한 마음이 쑥쑥 자라고 있었습니다. 공부에 대한 목적의식이 아주 분명해서 읽는 책마다 흡수가 잘 되었던 것 같습니다. 저는 대학 4년을 마치고 외국 유학과 대학원 입학을 함께 준비했습니다. 그때 역시 우장춘 박사님처럼 되겠다는 열정이 에너지가 되었습니다. 우리 이웃의 가난을 벗어 던지게 하겠다는 일념이 더 커졌습니다. 그 당시 제가 좀 약해서 고민이었던 분야가 제2외국어였습니다. 그러나 공부 끈기 하나만큼은 누구한테도 지지 않을 자신이 있어서 머리가 못 따라주면 오기와 끈기로 따라잡으면 된다고 생각했습니다. 그렇게 해서 식물학 관련 독일어 원서 *Biologie*

를 탐독했고 *Atom Kerne*라는 책도 여러 번 읽었습니다. 이렇게 제가 가고자 하는 길을 위해 모든 것을 쏟아부었습니다.

저는 1956년 대학 졸업 수학여행 때 동래 원예시험장에 가서 그렇게 뵙고 싶었던 위인인 우장춘 박사님을 직접 만나 뵈었습니다. 직접 원예시험 포장을 둘러보며 설명도 해주셨습니다. 그때 지극한 사랑을 베푸신 어머님을 그리기 위해 우 박사님이 파놓은 우물 '자유천'을 감명 깊게 보았습니다.

세상일은 대충해서 얻어지는 것이 없다고 생각했습니다. 그렇게 해서 1957년 서울대 대학원 시험에도 무난히 합격했습니다. 공부를 하기 전에는 우선 목표가 있어야 합니다. 지금 이 순간 내려오는 눈꺼풀을 견디며 하는 이 공부가 무엇을 위한 공부인지 알아야 합니다. 알고 가는 길과 그냥 더듬더듬 끌려가는 길은 천지 차이입니다. 서울대 대학원에 진학하고 나서 제 인생의 또 다른 큰 스승을 만났습니다. 당시 농학과 과장님이던 지영린 선생님이 바로 그분입니다.

나를 농학 전문가로 키워 주신 세 분의 은사님

"자네는 무얼 전공하려고 하는가?"

"저는 식물육종학을 공부하고 싶습니다."

"그래? 그러면 내 연구실에 있게나. 나도 식물육종학을 가르칠 수 있으니 내 밑에서 잡초학을 연구하게. 여기 받게나. 내 연구실 열쇠를 자네에게 맡기겠네."

제 인생의 은사님 중 한 분이 바로 지영린 선생님입니다. 대학원에 입학하고 선생님 댁에 직접 찾아가서 인사드렸을 때 제게 잡초학을 권하면서 선생님 연구실 열쇠를 건네주셨던 장면을 잊을 수가 없습니다.

사실 잡초학은 식물육종학과는 거리가 먼, 생소한 학문입니다. 선생님이 식물육종학을 가르칠 수 있다고 하시면서 잡초학을 연구하라고 하신 게 의외였습니다. 저는 선생님이 그렇게 하라고 하니 따를 수밖에 없었습니다. 연구실 열쇠를 받고 대학 구내의 연습림을 걸으며 여러 가지 생각과 고민에 빠졌습니다. '이건 내가 하려는 공부가 아닌데… 그래도 뭔가 선생님의 뜻이 있겠지.' 저는 고민을 그렇게 오래 하는 스타일이 아닙니다. 잠깐 고민한

후에 선생님의 말씀을 따르기로 결정했습니다. 그리고 바로 연구실로 가서 청소부터 시작했습니다. 아침에 선생님이 연구실에 출근할 때 깍듯이 인사했습니다. 그렇게 대한민국 최초의 잡초학 연구원 생활이 시작되었습니다.

잡초학을 하려면 우선 논밭에 발생하는 잡초를 알아야 합니다. 저는 나물 캐는 여인들에게도 집요하게 묻고 도감도 꼼꼼히 찾아가며 잡초를 하나하나 익혀 갔습니다. 마치 잡초가 저에게 주어진 숙명이라 생각하며 집중하고 빠져들었는데, 어느새 제 곁에 잡초를 연구하며 같은 길을 걸어가는 길동무들이 많다는 걸 알게 되었습니다. 그 친구들은 90을 넘긴 이 나이에도 친구로 남아 그 시절의 이야기를 나누곤 합니다. 물론 저보다 먼저 세상을 떠난 이들이 더 많지만 말이죠.

저는 그렇게 대한민국 잡초학의 첫길을 개척하며 묵묵히 앞으로 나갔고 1959년에는 '수원지방에서의 경지잡초 소장'이라는 석사 논문으로 우리나라 최초의 잡초학 석사 학위를 받았습니다. 이후 서울대 농과대학에 조교로 남아 지영린 선생님의 조수로 일하게 되는 고마운 기회도 얻었습니다. 그 당시에는 서울대학교와 미국 미네소타대학교가 자매결연을 맺어 서울대 교수들이 대거 미네소타대에 교환교수로 가는 계획을 세우고 있었습니다. 선생님은 그 기회를 너무나 감사하게도 저에게 선물하셨습니다. 선생님은 제가 식물육종학을 공부하고 싶어 하는 걸 잊지 않고 공부할 기회를 주신 겁니다. 저는 그렇게 하여 1년간 미네소타 대학에서 식물육종학을 공부하고 귀국하여 대학 강사가 되었습니다.

사람은 사람이 만듭니다. 철저히 준비하고 있으면 하늘은 그 사람에게 반드시 기회를 주십니다. 저는 지금의 나를 만들고 키워 주신 지영린 선생님을 늘 기억하고 있습니다. 선생님은 우리나라가 해방되기 전에 수원고등농림학교 교수님이셨고 해방되고 나서는 충북대가 단과대학 시절이었던 때 학장을 역임하셨습니다. 그야말로 한국 농학을 지키신 큰 인물입니다. 지영린 선생님의 제자로는 신두영 감사원장님, 정남규 초대 농촌진흥청장님, 민관식 장관님, 김준보 교수님을 비롯하여 한국 녹색혁명의 기수이신 김인환 청장님이 계십니다.

저의 두 번째 귀한 은사님은 미국 미시간주립대학교의 존 E. 그래피우스(John E. Grafius) 박사님입니다. 이분은 당시 식물유전육종학의 거목으로 1980년에는 미시간주립대학교에서 가장 뛰어난 학부 교수상(Distinguished Faculty Award)을 수상했습니다. 저도 나름 조교수로 열심히 했지만 제 속에는 더 높은 학위를 따야겠다는 욕심이 있었습니다. 그래서 미국 미시간주립대학교 그래피우스 박사님에게 지도 요청을 드렸습니다. 요청을 흔쾌히 받아주신 그래피우스 박사님은 제 학문 세계를 한 단계 성장시켜 주셨습니다. 제 인생에서 아주 귀한 은사님 중 한 분으로 기억되는 것도 그때의 고마움이 크기 때문입니다. 저명한 박사님의 지도하에 박사님의 연구실에서 박사 학위 과정을 밟을 수 있었던 것은 무척 큰 행운입니다.

제가 박사 학위를 준비하던 그때 유럽에서 시카고 공항을 통해 딱정벌레가 대량 유입되어 미국 서북부 일리노이주, 인디애나주, 미시간주의 밀, 보리, 귀리 등에 엄청난 손실을 입힌 사건이 있었습니다. 그때 저에게 주어진 첫 번째 연구과제가 '딱정벌레에 대한 보리의 저항성'이었습니다. 저는 이전에 이미 조사된 저항성 계통 3개와 그에 약한 계통 3개를 골라 이면 교접을 했고 그다음 해에 포장시험과 실내시험을 했습니다. 어느 날 그 포장시험에 다녀오신 지도교수님이 "자네 논문 다 썼네."라며 기쁜 소식을 전해 주셨습니다. 저는 포장 조사를 하고 그 조사 성적을 분석하여 박사논문을 완성해서 제출했고 그 논문은 곧바로 통과되었습니다. 그리고 1년 반 만에 식물유전육종학으로 박사 학위를 받고 귀국하게 됩니다.

그 당시 있었던 일 중 하나가 기억납니다. 한창 박사 학위 논문을 완성하기 위해 연구하고 있을 때 한국 정부에서 외국에 가 있는 공무원들에게 봉급을 중단하는 일이 벌어졌습니다. 저는 한국에 두고 온 가족의 생계가 걱정되어 이 문제를 지도교수님인 그래피우스 박사님에게 말씀드렸습니다.

"내가 매달 50불씩 줄 테니 그걸 보태서 가족에게 송금하게."

선생님의 이 말이 제게 얼마나 큰 힘이 되었는지 모릅니다. 선생님은 매달 제 책상 위에 본인의 개인 수표를 놓고 가셨습니다. 그리고 몇 달이 지났고 한국 정부는 다시 외국에 가 있는 사람들에게 봉급을 지급했습니다. 저는 그 사실을 선생님에게 말씀드리고 한국에 가서 돌려드리기 위해 "언제 갚아 드릴까요?" 하고 여쭈었는데 "100년 후에 갚아."라고 말씀하시더군요. 제가 학위를 마치고 귀국할 때 선생님이 비행기 표를 살 돈도 마련해 주셔서 편하게 귀국할 수 있었습니다. 그 은혜를 어찌 잊을 수 있겠습니까. 저는 지영린 선생님과 그래피우스 박사님 덕분에 식물유전육종학을 무사히 잘 공부할 수 있었습니다. 지금의 저를 만들어 주신 두 은사님께 이 자리를 빌려 다시 한번 감사드립니다.

1980년대 미국 작물학회가 있어 참석하고 있었을 때 선생님에게 전화를 올렸더니 선생님 따님의 결혼식이 있다고 하셨습니다. 학회가 끝나고 선생님 댁에 머물면서 한 가족처럼 따뜻하게 대해 주셨고 따님 결혼식에도 초대해 주셨습니다. 그리고 미시간주립 대학교 작물 및 토양학과에서 세미나를 하라고 하셔서 늘 준비하고 다니는 슬라이드로 세미나를 했더니 선생님께서 몹시 기뻐하고 좋아하셨습니다. 그날 밤 선생님 댁에서 동료 교수님들을 모셔다가 파티를 열어 주셨습니다. 파티가 끝나고 잠자리에 들기 전에 선생님께서 저에게 커다란 책 한 권을 주셨습니다. "이 책 앞에 3쪽만 읽어 보게." 저는 그 책을 받아 침실에 가서 읽었는데 그 내용이 '훌륭한 선생은 훌륭한 제자를 알아본다.'였습니다.

저의 세 번째 은사님은 류달영 선생님입니다. 류달영 선생님은 서울대 농대 시절 은사님입니다. 제가 대학에 있을 때 같은 농학과 교수셨는데 선생님께서 대학 채소학 강의 중에 종종 인생에 대해 말씀해 주신 기억이 납니다. 제가 아프리카에 가서 일할 때 해마다 선생님께 크리스마스 카드를 보내드렸습니다. 제 나이 60을 맞이한 크리스마스 때 크리스마스 카드를 책상 위에 놓고는 뭐라 써서 선생님에게 이 카드를 보내드릴까 고민하고 있었습니다. '옳거니 내 나이 60이 되었으니 한 말씀을 드려야겠다.' 생각하고 이렇게 적었습니다. "선생님, 선생님께서 가르쳐 주신 채소학은 다 잊어버렸습니다. 그러나 선생님께서 강의 중에 종종 주신 인생에 대한 말씀은 나이 먹어가면서도 생생히 살아 있습니다. 왜 냐하면 채소학은 장소와 함께 시간과 함께 변하는 것이지만 선생님의 인생에 대한 말씀은 너무 진리여서 제 마음속에 살아 있기 때문입니다." 선생님께 혼쭐날 것으로 각오하고 그 카드를 보내드렸는데 얼마 후에 선생님으로부터 답신이 왔습니다. 제가 보낸 카드를 읽고 매우 기뻤다는 내용이었습니다. 제가 살아가면서 제 꿈속에 제일 자주 나오는 분이 바로 성천 류달영 선생님이십니다. 선생님께서 제 마음속에 당신의 사상을 새겨 넣어주셨기 때문입니다.

세 분의 은사님은 이미 작고하셨지만 저를 식물육종학의 세계로 이끌어 주신 그 은혜는 잊을 수 없습니다. 모두 커다란 호수와 같이 넓은 도량을 갖고 계신 분들이셨습니다. 고등학교를 졸업하고 제2의 우장춘을 꿈꾸었던 저는 서울대 농대에 입학하고 대학원에 진학하고 좋은 스승을 만나 미국 유학까지 했습니다. 미국에서도 뜻밖에 좋은 스승 한 분을 더 만나 제 학문이 탄탄대로의 길을 걸을 수 있었습니다. 저는 제 꿈을 이루기 위해 학문에 집중했지만 그 길에 저를 도와준 많은 분들이 계신 걸 잘 압니다. 대한민국의 우리 젊은이들도 자기의 꿈을 이루려고 악착같이 노력하고 집중하면 분명 주변에서 도움의 에너지가 붙을 겁니다. 제가 경험한 그 신기하고 대단한 기적들이 분명 우리 젊은이들에게도 같이 할 것이라 생각합니다. 그러니 지금의 공부가 조금 지치더라도 계속 집중하고 앞으로 나가기를 바랍니다. 그러면 꼭 좋은 스승, 좋은 지원이 있을 겁니다. 하늘은 스스로 돕는 자를 돕는다는 말은 제가 겪은 참 진리입니다.

제가 박사 학위를 따고 귀국했을 때 시골에는 저를 기다리는 부모님과 제 아내, 그리고 막내가 태어나기 전이라 세 아이가 있었습니다. 저는 아내와 아이들을 수원으로 올라오게 했습니다. 쥐꼬리만 한 강사 월급을 받던 시절이라 방 한 칸짜리 사글세에 살 수밖에 없었고 살림살이는 보여 주기 민망할 정도로 단출했습니다. 그게 우리 가족의 첫 살림이었습니다. 저는 셋방에서 마차에 짐을 싣고 서울대 농대 안에 있던 관사로 옮겨서 수원 생활을 시작했습니다. 그러나 관사라는 곳은 비가 오면 지붕에서 물이 새고 부엌에 물이 가득 차서 그 빗물을 퍼내야만 하는 열악한 상황이었습니다.

어느 날 아버지가 오셔서 우리 사는 모습을 보시고 혀를 차셨습니다. 이후 아버지는 시골의 정미소를 처분한 돈 일부를 갖고 오셔서 수원 고등동에 집터를 사서 집을 지어 옮겨 살라고 하셨습니다. 대금을 치르고 나서 아버지가 우리 관사에서 하룻밤을 주무셨는데 그때 평생 마음의 짐이 된 슬픈 일이 벌어졌습니다.

아마 며칠 아버지가 조금 무리하셨는지 아침에 옆방에서 주무시는 아버지를 깨웠는데 일어나지 못하셨습니다. 중풍에 걸리신 겁니다. 서둘러 응급치료를 하고 시골로 옮겨드렸는데 안타깝게도 그다음 해에 세상을 떠나시고 말았습니다. 아버지가 돌아가시고 나서 그다음 해에 어머니마저 돌아가셨습니다. 하늘이 무너진 것 같은 기분이었습니다. 저는 공부하느라 부모님께 제대로 효도도 하지 못했는데 너무나 마음이 아프고 허전하고 슬펐습니다. 이때 간신히 연구한 연구 결과를 국제학회에 가서 발표하려고 준비 중이었는데 당시 사정으로 도저히 참석할 수 없었던 기억이 납니다.

선조 할아버지들의 학문 유전자를 찾아서

저는 지난 2016년 《500년간 잊혔던 뿌리와 정신을 찾다: 청주한씨 참의공파》라는 책을 낸 바 있습니다. 자신의 뿌리를 소중히 하지 않는 사람은 자신의 후손들도 번성할 수 없다는 마음으로 정성을 다해 준비한 책입니다. 이 책을 준비하면서 제가 왜 학자의 길에 들어섰는지도 선조들의 학문 사랑을 통해 알 수 있었습니다. 요즘 사람들은 자신의 조상들에 대한 연구를 거의 하지 않는 것 같습니다. 자신의 지금을 만든 뿌리임에도 그 가치를 대수롭지 않게 생각합니다. 지금 성공의 길에 들어선 사람이라 할지라도 분명 혼자 힘으로 그렇게 된 것이 아닐 겁니다. 이 책을 읽는 젊은 독자들은 지금 제 말을 고루한 옛사람의 잔소리라 여길 수도 있겠지만 내가 가진 능력이 어느 선조로부터 흘러 내려왔는지 귀하게 생각하며 알아볼 필요가 있습니다.

제가 학자가 된 것은 분명 참의공파 시조로부터 시작된 것이라 생각합니다. 저의 시조 할아버지인 참의공 한전(韓碩)은 조선 세종 때 문신이었습니다. 황해도와 전라도 관찰사를 지낸 한전 할아버지는 세종 27년에 전라도에 양식이 부족하자 백성들을 구휼하는 일이 시급하다는 생각에 도내 백성이 먹을 양식 7만 석을 청하여 조정의 재가를 받았습니다. 제가 아프리카 사람들의 주식 작물 카사바를 개량한 것이 시조 할아버지의 이런 행동에서 비롯된 것은 아닌가 생각해 봅니다. 참의공파의 시조는 한전 할아버지이지만 우리 청주 한씨의 시조는 고려 태조 왕건을 도와 개국벽상공신이 되신 태위공 한란 할아버지입니다. 청주 한씨는 고려 초부터 명문(名門)으로 부상하여 조선 초에 대명 외교관 좌의정 한확(韓確), 인수대비로 잘 알려진 소혜왕후, 정난공신 한명회(韓

明澮) 등을 배출했습니다. 이후 정승 12명, 왕비 6명을 배출한 명문거족으로 성장했습니다.

역사를 잊은 민족에게는 미래도 없다고 했습니다. 그런데 우리 청주 한씨 참의공파는 연산군 이후 조상 묘소가 파헤치고 불태워진 채 500여 년을 이어왔습니다. 이 아픔을 도저히 그냥 버려둘 수 없었던 저의 아버지 한노수 선생은 "조상들의 묘소가 어디 있는지조차 모르고, 세일제며 시향도 올리지 못하는 자손들이 어찌 종손문중이라고 할 수 있느냐?"라며 뿌리를 잃은 서러움과 조상에 대한 송구한 마음으로 조상의 묘를 찾아 나섰습니다. 정말 숲속에서 바늘을 찾는 일처럼 무모한 결행이었으나 그 당시에는 그렇게 하지 않으면 달리 방법이 없었습니다. 하늘이 도왔는지 조상이 도왔는지 1930년대 중반에 고양군 벽제면 내유리 대내산 자락에서 감격스럽게도 조상의 묘를 찾아냈습니다. 저는 지금까지도 제 학문적 업적만큼이나 이 일을 자랑스럽게 생각하고 있습니다.

제 아버지 한노수 선생이 가장 존경하는 선조는 17대 할아버지인 형암 한윤명입니다. 이분은 정말 학자 중에 학자셨습니다. 역사 기록에는 이렇게 나옵니다. "한윤명은 젊은 나이로 학문에 뜻을 두고, 행동은 규범을 준수하며 매우 훌륭한 명예가 있었다. 벼슬길에 나가 비록 덕을 이루지는 못하였으나, 천성이 순미하고 매사에 경근하여 근세에 드문 인물이 되었다. 그래서 사림이 그의 이른 죽음을 애석하게 여겼다." 한윤명 선생은 성리학은 물론 양명학에도 조예가 깊었으며 돌아가셨을 때는 선조대왕의 명을 받아 율곡 이이 선생이 직접 오셔서 치제문을 내릴 정도였습니다. 율곡 이이 선생과 우리 한윤명 선생의 관계는 서울대학교 정옥자 명예교수가 쓴 《우리가 정말 알아야 할 우리 선비 율곡 이이》에 잘 나와 있습니다. 그중 일부를 옮겨 보면 다음과 같습니다.

"율곡 선생이 적극적으로 활동할 수 있었던 배경에는 선조의 후원이 있다. 그 이유인즉 선조가 사가(私家)에서 성장하면서, 사림 출신의 선생(한윤명)에게 배워 사림에 대한 이해가 깊고 이상사회를 건설할 수 있는 조건이 성숙해 있었던 것이다."

선조대왕 역시 30세 형암 한윤명 할아버지의 깊은 학식과 사상에 매우 깊은 영향을 받았다고 합니다. 우리 역사에서 율곡 이이 선생은 대단한 학자인데 그 뒤에서 우리 한윤명 할아버지가 역할을 했던 겁니다. 그런 대학자가 자손도 찾아오지 않는 고양 선산에 외로이 잠들어 있었습니다.

15대조 한훈 할아버지는 장원급제하고 사간원 정언으로 계셨을 때 폭군 연산군에게 다음과 같이 바른말을 전하셨다고 《이조실록》에 기록되어 있습니다.

"임금은 시비를 밝히지 않으면 안 되는데, 전하께서는 취하고 버리는 것이 거꾸로 되고 시비가 공평하지 못하시니 이것은 국가의 큰 근심입니다. 전하께서는 안으로 마음을 속이고, 위로는 선왕을 속이고, 아래로는 신민을 속이시니, 이 세 가지의 속임이 있고서는 성덕의 누가 됨이 어찌 크지 않겠습니까?(연산, 01/11/25 갑진)" 한훈 할아버지는 이 때문에 유배를 떠났고 귀향길에 집으로 오다가 돌아가셨습니다.

우리 선조들은 이렇게 의로운 일을 하면서 용감하고 굳건하게 살다 가셨습니다. 이런 의로움은 우리 한씨 가문뿐만 아니라 대한민국의 모든 후손들이 본받고 이어가야 합니다. 누가 알아주든 알아주지 않든 우리는 강인하고 의로운 정신으로 세상을 살아가야 합니다. 내 것을 챙기고 내 이름을 드높이려는 것보다 의로운 행동에 더 집중했으면 합니다.

우리 선조들은 가난과 배고픔을 그냥 지나치지 못했던 것 같습니다. 전라도 백성의 배고픔을 해결하기 위해 발 벗고 나선 참의공파 시조 할아버지, 마을 주민들의 배고픔을 해결한 할아버지 한영석 선생, 또 아버지 한노수 선생처럼 가난을 해결하려는 우리 선조들의 의로운 노력은 제게도 그대로 이어져 제 발걸음을 아프리카로 향하게 한 것이 아닌가 생각합니다.

2

선택의 길

내 선택은 내 인생을 어떻게 바꾸었나?

아프리카에 산다는 건
참으로 외롭고
어려운 생활의 연속이지요.

끝없이 이어지는 낯선 땅에서
오직 우리 내외만이
얼굴 맞대고 외로움 달래가며
살아온 것이지요.
스무 해 넘게 그렇게 고통 삼켜가며
살아온 것이지요.

아내는 내 봇짐을 몇백 번이나 쌌을까요.
잘 다녀오라 손 흔든 게 몇천 번이었을까요.
혼자서 지낸 밤은 또 몇천 밤이었던가요.

좁은 길, 황톳길, 진흙길, 숲속 길, 꼬부랑길
그 얼마나 나는 달렸던가요.
찌는 듯 내리쬐는 햇빛 아래
우리는 얼마나 진땀을 흘렸던가요.

다시 그때로 돌아가도 아프리카를 선택할 수 있을까

"카사바를 살려주세요!"

"제발 아프리카의 굶주림을 외면하지 마세요!"

이 외침은 어느 구호 단체의 외침이 아닙니다. 제 인생의 발걸음을 아프리카로 끌어들인 절박한 양심의 외침이었습니다. 가난한 농부의 삶을 너무 잘 알고 있는 저로서는 이 외침을 무시할 수 없었습니다.

저는 서울대에 있으면서 꾸준히 논문을 발표했습니다. 좋은 선생님들 밑에서 늘 연구에 목말랐던 사람입니다. 이때 제가 쓴 박사 논문이 미국 작물학회지에 실렸고, 저와 미국 지도교수님이 함께 쓴 세 편의 논문이 영국 저명한 유전학회지 Heredity에 실렸습니다. 이것은 유전육종학을 연구하는 사람에게 매우 영예스러운 일이었습니다. 저의 미국 지도교수와 매우 절친한 영국 케임브리지대학교 육종연구소에 있는 교수에게 서신을 보냈고 유전학회지의 편집장이신 영국 버밍엄대학교의 당시 세계 최고 유전학 교수에게도 서신을 보냈더니 영국으로 건너오라고 해서 출국 수속을 밟고 있었습니다.

사실 오래전에 국제열대농학연구소의 작물육종학자 모집에 응모했는데 오랫동안 아무런 연락이 없어서 영국에 가려던 차였습니다. 그런데 갑자기 국제열대농학연구소 부소장으로부터 인터뷰하러 오라는 연락이 와서 한꺼번에 두 가지 기회가 제 앞에 놓였습니다. 그래서 어떻게 해야 할까 고민하다가 나이지리아에 갓 설립된 국제열대농학연구소에 먼저 가서 보고 상황이 여의치 않으면 영국에 가는 것으로 정했습니다. 1970년 나이지리아 경유 런던행 비행기표를 사서 서울 김포를 떠나 홍콩에 가서 하룻밤을 자고 다음날 다시 홍콩에서 태국 방콕, 방콕에서 인도 뭄바이로 가서 하룻밤을 비행장에서 자고, 그다음 날 예멘 아덴을 걸쳐 에티오피아 아디스아바바에 도착하여 아프리카 대륙에 첫발을 내디뎠습니다. 거기서 케냐 나이로비에 가서 하룻밤 자고 다음날 우간다 엔테베를 거쳐 나이지리아 라고스 공항에 도착했고, 마중을 나온 국제열대농학연구소 직원의 안내를 받아 연구소의 라고스 영빈관에 가서 하룻밤을 잤습니다. 다음날 육로로 자동차를 타고 최종 목적지인 이바단으로 가는데 혹심했던 비아프라 내전 직후라서 엉망진창이 된 길과 파괴된 탱크가 보이더군요. 그렇게 한국을 떠나 5일 만에 가까스로 국제열대농학연구소에 도착했습니다. 당시 연구소가 완전히 창설된 것은 아니어서 연구소 사무실은 이바단 시내에 있는 은행 건물 2층을 임시로 쓰고 있었습니다.

국제열대농학연구소는 통일벼를 만들어 낸 필리핀 국제미작연구소와 자매연구소입니다. 가난하고 굶주리는 아프리카의 식량난을 해소하는 것을 지상 목표로 설립된 농학연구소였습니다. 1970년 녹색혁명의 주역으로 노벨평화상을 수상한 노먼 볼로그 박사가 일한 멕시코 국제밀옥수수연구소 다음으로, 미국 포드 재단과 록펠러 재단이 막대한 경비를 들여 식량난에 허덕이고 있는 가난한 아프리카 사람들의 식량 안전을 위하여 나이지리아 이바단에 설립되었습니다. 바로 그 연구소에 제가 가게 된 겁니다. 기쁘기도 했지만 어떻게 고민이 안 될 수 있을까요. 그러나 제 속에는 무언가 안락함보다는 새로운 도전에 대한 의지가 치솟고 있었습니다. 결국 연구소에 들어가서 우선 부소장 브릭스(Brigs) 박사님을 찾아가 인사하고 부소장님이 저를 소장이신 알브레히트(Albrecht) 박사님에게 소개해 주었습니다. 브릭스 박사님은 미네소타대학교의 쿠룩스톤 분교 분교장을 역임한 분이었고 알브레히트 박사님은 미국 노스다코다대학교 총장을 역임하신 분이었습니다. 우선 부소장님과 인터뷰하고 다음날 세미나를 했습니다. 그리고 부소장님이 제게 국제열대농학연구소 설립 현장을 보여주면서 연구소의 설립 경위와 목적을 자세히 알려 주었습니다. 그리고 제가 연구소에서 담당할 일을 말씀해 주셨습니다. 다음날 소장님이 저를 구근작물 연구원으로 채용하고 싶다며 저의 의향을 물어오셔서 흔쾌히 수락했고, 다음 날 영국행을 포기하고 한국에 돌아갈 비행기 표를 다시 끊어 처음 왔던 경로대로 이동하여 5일 만에 귀국했습니다.

이때 부소장 브릭스 박사님은 오랫동안 제게 연락을 하지 못한 이유를 이렇게 들려주셨습니다. 제가 연구소에 제출한 지망서에 추천인으로 미네소타대학교에서 서울대 농과대학에 파견된 브릿지포드(Bridgeford) 교수님 이름을 적어 두었습니다. 지영린 선생님 조교로 몇 년간 서울대 농대에서 브릿지포드 교수님의 포장시험을 열심히 도와드렸고 제가 그분의 영어통역 역할을 하며 인연을 맺었습니다. 그래서 브릭스 박사가 브릿지포드 교수님에게 연락했는데 답신이 없어 한동안 제게 연락하지 못했다고 했습니다. 그런데 얼마 전에 브릿지포드 교수에게 서신이 도착했다고 합니다. 연로한 탓에 요양원에 머물고 있었는데 따님이 아버지를 보러 요양원에 들렀다가 아버지에 앞으로 온 우편물 중에 브릭스 박사의 서신을 아버지에게 읽어 드렸고, 구두로 회답을 주어 따님이 직접 타자로 편지를 써서 브릭스 박사에게 보냈다는 것입니다. 브릭스 박사와 브릿지포드 교수는 미네소타대학교 쿠룩스톤 분교에서 함께 일한 적이 있어서 친분이 두터웠다고 합니다. 이렇게 세상은 언젠가 좋은 일을 하면 꼭 그 덕을 다시 받게 마련입니다. 제가 국제열대농학연구소에 갈 수 있었던 것은 브릿지포드 교수님과 저의 미국 지도교수님의 추천 덕분이라고 생각합니다.

사람에게는 평생 많은 기회가 옵니다. 그 기회를 잡는 것은 본인 자신입니다. 좋은 기회를 잡으려면 본인이 노력하면서 준비하고 있어야 합니다. 그리고 기회가 왔을 때 그것을 포착하는 지혜와 결단을 내릴 용기가 있어야 합니다. 또 희생을 각오해야 합니다. 눈앞의 작은 결과보다 멀리 훗날의 큰 결과를 바라볼 수 있는 비전과 인내심도 갖추고 있어야 합니다. 제게 두 가지 기회가 눈앞에 놓였습니다. 영국 케임브리지로 가느냐 아니면 나이지리아로 가느냐 하는 두 기로에 섰습니다. 서울대 농과대학의 교수직과 영국 케임브리지대학교 연구소의 제안을 뒤로하고 이국만리 나이지리아로 떠나게 됩니다. 그 순간은 제 인생에서 잊지 못할 선택의 순간이었습니다.

미국 시인 로버트 프로스트(1874~1963)의 '가지 않은 길'(The road, not taken)에는 이런 시구가 나옵니다. "숲속에 두 갈래 길이 있었고, 나는 사람들이 적게 간 길을 택했다. 그리고 그것이 훗날 나의 모든 것을 바꾸어 놓았다." 저의 일왕불퇴(一往不退, 한 번 가기로 했으면 결코 물러나지 않음) 주사위는 아프리카 대륙 위에 던져졌습니다. 내전, 자연재해, 전염병으로 매년 50만 명이 굶어 죽는 슬픈 땅 아프리카로 저의 갈 길이 정해진 겁니다. 제가 어릴 때부터 배워왔듯이 명예보다 더 소중한 것은 그들의 굶주림을 해결하는 것이었습니다. 아프리카는 희망조차 말라 죽어 있는 대륙이었습니다. 그들의 주식 작물인 카사바가 병에 걸려 고사하는 현상이 전 대륙에 걸쳐 벌어지고 있었습니다.

국제열대농학연구소에서 구근작물 육종학자로서 제가 할 일은 아프리카의 카사바를 살리는 일이었습니다. 그게 그 무엇보다 가장 급한 일이었습니다. 솔직히 인간적인 망설임이 없진 않았습니다. 당연히 보지도 듣지도 못한 카사바를 처음으로 연구한다는 두려움, 또 미지의 대륙 아프리카에 가서 나와 가족의 생명을 걸어야 한다는 두려움, 또 가족의 만류도 있었습니다. 그중에서 어머니가 "가지 마라."고 하셨던 말씀이 가장 무거웠습니다. 그러나 아프리카를 위한, 인류를 위한 길이라는 대의만을 생각했습니다. 나를 필요로 하는 곳이 있다는 것만으로도 감사한 일이라 생각했습니다. 그게 하늘이 제게 내려준 기회라 여겼습니다. 그래서 그 여정에는 단 한 치의 망설임도 없었습니다. 목적이 분명했고 가고자 하는 소명의 길이 있었기에 23년간 아프리카 생활을 하면서 단 하루의 결근도 없이 제 연구, 제가 맡은 일을 묵묵히 해냈다고 생각합니다.

나아지리아의 국제열대농학연구소로 떠난 것은 제 일생을 좌우하는 아주 중요한 결정이었습니다. 미지의 대륙에서 미지의 작물을 개량연구하기 위하여 저의 가족도 함께 희생해야 했습니다. 편안하게 교수 부인의 삶을 살 수도 있었던 아내는 물론 아이들도 아버지와 함께 아프리카의 삶을 살게 되었습니다. 그때 저는 고작 38살밖에 되지 않은 에너지 넘치는 청춘이었습니다. 그러나 '한번 가 보지 뭐.' 하고 떠난 그곳의 환경은 너무나 열악했습니다. 길거리에는 탱크가 돌아다니고 농사지을 땅은 메말라 있었습니다. 더욱이 저는 그때까지 카사바라는 작물을 한 번도 본 적이 없었습니다. 그러나 아무것도 모르는 그 상황이 도전 의지를 더욱 자극했던 것 같습니다.

국제열대농학연구소는 나이지리아 이바단시 교외에 위치해 있고 근처에 명문대학인 이바단대학교가 있습니다. 연구소는 학위를 수여할 수 없기 때문에 아프리카 사람들을 연구소에 데려다 훈련시키고 이바단대학교에서 공부하고 학위를 받게 했습니다. 1,500정보의 땅을 나이지리아 정부에서 제공했고 포드 재단이 그 둘레에 15km의 철망을 쳐서 연구동과 연구원 사택을 지었으며, 70정보의 호수를 만들어 호숫물을 농업용수로 사용했고 그 물을 퍼 올려 정수 처리를 해서 식수로 썼습니다. 그리고 대형 발전기 4대를 설치하여 절전시 전기를 공급하도록 했습니다. 또 중앙 에어컨 시설을 갖추어 전 연구소와 연구동 그리고 사택에 공급했습니다. 연구소 구내에는 수영장과 테니스장 그리고 9홀 골프장 등 연구원들의 건강과 안녕을 도모하는 시설도 갖추었습니다. 나이지리아 정부에서는 연구소 직원을 준외교관으로 대우해 주었습니다.

제가 나이지리아의 국제열대농학연구소에 간 1971년은 3년간 100만 명 이상 인명피해를 낳은 심각한 내전인 비아프라 전쟁이 끝난 바로 다음 해였습니다. 내란 당시 심한 기근으로 아사자가 속출했습니다. 내전으로 농토는 더욱 황폐해졌고 나이지리아 사람들의 주식인 카사바는 치명적인 바이러스와 박테리아로 썩어 가고 있었습니다. 카사바는 세계 8대 작물 중 하나로 8억 명의 사람들, 특히 아프리카 사람들이 주식으로 삼고 있는 아주 귀한 열대성 뿌리작물입니다. 그런 카사바가 박테리아 마름병과 모자이크 바이러스 오골병에 걸려 말라 죽어갔고 생산량이 50%나 감소했습니다. 특히 기름이 나는 남쪽 유전지대에는 굶주림에 허덕이는 사람들이 늘어갔습니다. 극심한 식량난 해결을 위해 고심하던 나이지리아가 국제열대농학연구소에 구원의 손길을 청한 것입니다.

제가 국제열대농학연구소에서 할 일은 가난한 아프리카 사람들의 주식작물인 카사바, 얌(마), 고구마, 식용바나나 등을 개량하는 일이었습니다. 저는 고구마 외에 이런 열대 구근작물과 식용바나나에 대해 전혀 몰랐습니다. 그리고 아프리카에 대한 지식도 전무한 상태였습니다. 저는 한국으로 돌아와 가족을 설득했습니다. 당연하게도 가족의 반대에 부딪혔지만 나이지리아의 열악한 상황과 연구소의 간절함, 그리고 제 의지를 꺾을 수는 없었습니다.

"여보, 꼭 가야만 해요? 서울대에서 일해도 되고, 영국에 가도 되잖아요."

"아빠, 나 아프리카 가는 거 겁나요. 거기 아는 사람도 없고 뉴스를 보니 탱크도 돌아다니던데…"

"아빠, 난 친구들하고 헤어지기 싫다고요."

"그래도… 아빠가 하는 일이 나쁜 일은 아니라서…"

지금도 그때의 쉽지 않은 결정을 따라 준 가족에게 늘 감사한 마음입니다. 가족 덕분에 나이지리아에 갈 수 있었고, 가족 덕분에 나이지리아에 정착해 그들의 식량난을 해결하는 아주 보람된 일을 할 수 있었습니다. 저는 서울대를 휴직한 다음 나이지리아로 가는 짐을 꾸렸습니다. 큰딸은 학교 문제로 한국에 남기고 나머지 세 아이를 데리고 나이지리아로 떠났습니다. 그때가 1971년 5월이었습니다. 이바단대학교 구내 포드 재단 사택에 짐을 풀고 연구소 사택이 완성되기까지 1년 반 동안 여기에서 살았습니다. 그리고 이후 연구소 사택이 완성되자 그곳에 들어가서 22년간 살았습니다.

1962년 우리가 셋방 살다가 서울대 농대 관사에 들어갔을 때 마차로 몇 가지 짐을 꾸려서 싣고 갔고 가난한 교수로 살았기 때문에 한국에서 나이지리아로 갈 때도 이삿짐이 거의 없었습니다. 그러나 그 어떤 짐보다 컸던 것은 바로 아프리카에서 제가 할 일에 대한 희망이었습니다. 그때 나이지리아에 들고 간 것은 한국제 재봉틀과 고장 나서 수리한 텔레비전뿐이었습니다. 재봉틀과 텔레비전은 미국으로 이사 갈 때도 갖고 갔습니다. 가난한 교수 생활을 한 우리에게 갖고 갈 물건이 무엇이 있었겠습니까? 그러나 23년간 나이지리아에서 살다가 미국으로 가려고 짐을 꾸릴 때 보니 상당히 많은 책과 물건이 있었습니다. 아내가 광에 모아 놓은 비닐봉지도 한 짐은 되는 것 같았습니다. 어려운 곳에서 살다 보니 비닐봉지도 매우 요긴하게 사용했습니다. 우리가 이사 나갈 때 나이지리아 사람들이 우리가 남긴 물건을 가지러 많이 왔는데 그때 그들에게 다 나눠 주지 못하고 온 것이 적이 후회되고 부끄럽습니다.

10년 만에 나이지리아의 기근을 해결하다

"저는 어린 시절 기근과 가뭄으로 농사를 망치는 농민들의 아픔을 보았습니다. 그 농민들의 아픔에 도움을 주고자 서울대 농대에 입학했고 식물학자의 길을 걷고 있습니다. 이제 제 눈앞에는 가난한 아프리카 사람들의 아픔이 눈에 보입니다. 이들의 배고픔을 위해 달려가야 할 것 같습니다. 그리고 그 일은 대한민국의 국위선양에도 도움이 될 것이라 확신합니다."

저는 1971년 5월, 나이지리아에 신설된 국제열대농학연구소에 가기로 결정하고 당시 몸담고 있던 서울대에 정식으로 휴직 신청을 했습니다. 당시 휴직 사유로 쓴 내용입니다. 어릴 때 경험한 가난한 농민의 아픔, 서울대 농대 진학, 식물학자, 그리고 이제는 아프리카의 가난. 제 인생은 비록 험난한 도전이지만 마치 거스를 수 없는 운명처럼 흘러갑니다.

해결해야 할 문제가 많았습니다. 우선 자식 문제가 가장 컸습니다. 큰딸은 학교 문제가 해결되지 않아서 제자 내외에게 부탁했습니다. 딸에게는 못 할 짓이지만 어쩔 수 없었죠. 딸을 떼어놓고 가는 제 발걸음이 너무 무거웠습니다. 나머지 세 아이의 손을 잡고 김포공항에서 작별하고 떠나가는 길, 아비도 아이들도 마음이 편치 않았습니다. 마음이 무거우니 가는 길도 더 멀어 보였나 봅니다. 가족을 데리고 먼저 다녀온 그 길을 가야 하는데, 한국에서 나이지리아까지 가는 길이 절대 만만한 거리가 아니었습니다. 우린 일단 홍콩에서 하룻밤을 자고 다음 날 태국 방콕을 경유해서 인도 뭄바이에 도착했습니다. 숙소를 잡을 수 없어서 공항에서 하룻밤을 지새워야 했습니다. 그다음 날은 예맨의 아덴을 거쳐 에티오피아의 아디스아바바로 갑니다. 거기가 끝이 아니었습니다. 다시 비행기를 갈아타고 케냐의 나이로비로 가서 또 하룻밤을 잡니다. 거기 케냐 나이로비에서 아이들은 선선하고 공기 좋은 거기가 종착지인 줄 알고 좋아했습니다. 서늘하고 습도가 괜찮은 곳에 오니 아이들 표정이 달라졌습니다. 아이들은 우리가 가는 나이지리아도 이런 날씨일 것이라고 착각했던 것 같습니다.

다음 날 우간다의 엔테베를 거쳐 드디어 우리의 목적지인 나이지리아의 라고스 공항에 도착했습니다. 라고스 공항은 해변에 있었는데 공항에 내리니 가족들의 얼굴이 바로 찡그려집니다. 너무 습하고 더운 날씨가 우리 가족을 덮쳤고 말 그대로 숨이 턱턱 막혔습니다. 당시 나이지리아 사람들은 외국인들만 보면 돈을 달라고 따라다녔습니다. 낯선 외국인들이 다가오니 가족들은 더 위축되고 움츠러들었습니다. 우리가 도착한 라고스는 당시 나이지리아 수도이자 기니만과 접해 있는 매우 큰 항만도시로 이바단 다음으로 큰 도시였습니다. 그래서 짠 바닷바람이 공항을 감싸고 있었고 그 습기가 아이들을 더 불쾌하게 했습니다.

나이지리아는 아프리카 대륙에서 인구가 가장 큰 나라입니다. 1960년 영국 식민지에서 독립한 이래 다른 아프리카 국가들처럼 쿠데타와 내전을 몸살을 앓았습니다. 나이지리아는 여전히 아프리카 인구 1위 국가이고 세계 인구 6위의 대국입니다. 나이지리아에 거주하는 한국인 숫자도 남아프리카공화국과 1, 2위를 다툽니다. 한국 사람뿐만 아니라 북한 사람, 중국 사람, 일본 사람도 나이지리아에 많았습니다. 당시는 한국이 나이지리아와 국교가 없었으나 북한과는 국교가 있었던 때입니다. 영국 식민지였던 탓에 영어가 공용어여서 그나마 의사소통은 어려울 것 같지 않았습니다.

우리는 라고스 공항에서 차를 타고 연구소 영빈관으로 가서 하룻밤 잤습니다. 그게 우리 가족이 나이지리아에서 보낸 첫날밤이었습니다. 내가 이곳에서 무엇을 할 것인가. 설렘 반 두려움 반의 마음으로 약간 잠을 설쳤던 기억이 납니다. 저만 그런 게 아니라 우리 가족도 낯선 곳에서 첫날 잠을 설쳤습니다. 무지 피곤했을 텐데 편하게 잘 수가 없었습니다. 다음날 우리는 최종 목적지인 이바단을 향해 100km를 달렸습니다. 가는 길에 전쟁의 흔적이 곳곳에 보였습니다. 전쟁으로 집도 부서지고 동물도 죽어 있고 길거리에는 탱크가 돌아다니고 있었습니다.

연구소에 가서 앞으로 제가 연구할 과제를 받았는데 너무 막막했습니다. 어디서부터 시작해야 할지 암담했습니다. 저에게 주어진 연구과제는 생전 보지도 듣지도 못한 열대 구근작물인 카사바, 얌(마), 고구마의 품종 개량에 관한 연구였는데 이 작물은 제가 선택한 연구과제가 아니라 연구소에서 지정해 준 것이었습니다. 제가 하고자 하는 연구가 우선이 아니라 아프리카 사람들이 필요로 하는 것을 먼저 연구해 달라는 것이었습니다. 바로 그것 때문에 저를 채용했던 것이죠. 하늘은 제게 아주 중요한 일을 시키려고 부르신 겁니다.

치안이 불안한 나이지리아의 삶

전쟁의 흔적이 아직 가시지 않은 험한 곳에서 가족들 데리고 하루하루 산다는 게 쉬운 일이 아니었습니다. 총부리가 언제 우리 가족을 향할지 모르는 일이거든요. 아무리 대학 사택에 있어도 나이지리아는 대한민국처럼 치안 강국이 아니라서 늘 불안했던 기억이 납니다. 저는 그나마 연구에 집중하면서 그 불안을 잊었지만 우리 가족들은 얼마나 힘들었을까요? 다시금 아내와 아이들에게 미안하고 고마운 마음이 듭니다.

저는 이바단대학교 구내 사택에서 1년 반 정도 살았습니다. 당시 연구소는 신축 중이라서 구내에는 직원 사택이 5개밖에 없었습니다. 그래서 우리는 연구소 가까이 위치한 이바단대학교 사택에 들어가 보따리를 풀어야 했죠. 우리는 그곳에서 1971년에서 1972년까지 살았습니다. 나이지리아 이바단시는 그때 당시에도 인구가 100만 이상의 대도시로 아프리카에서 가장 큰 도시였습니다. 이바단대학교는 영국 런던대학교의 분교로서 시설과 교수진이 매우 훌륭했습니다. 미국 록펠러 재단과 포드 재단이 지원하여 코넬대학교 교수들이 교환교수로 와서 지원해 주었기에 학교 시설과 교수 수준이 꽤 높았습니다. 당시 서울대학교보다 월등히 좋은 시설을 갖추고 있었습니다.

나이지리아에서 가장 오래된 학위 수여 기관인 이바단대학교는 그 역사와 영향력이 아프리카 최고라고 해도 손색이 없습니다. 이바단대학교에는 학생의 약 30%를 수용할 수 있는 15개의 기숙사가 있고 총 5,339명의 직원이 있었으며, 1,212채의 주택을 직원용으로 보유하고 있었습니다. 대학에는 캠퍼스에 직원과 학생들을 위한 주거시설과 체육시설, 별도의 식물원과 동물원까지 있었을 정도로 규모가 컸습니다. 이 대학 출신의 유명인은 이바단대학교 강사였던 월레 소잉카인데 1986년에 노벨문학상을 수상한 작가입니다. 나이지리아의 문호를 넘어 아프리카의 대문호라고 불리는 치누아 아체베도 이바단대학교 출신입니다. 우리가 들어가게 된 이바단대학교 사택은 포드 재단이 건립한 것으로 커다란 거실과 주방이 함께 있었고 침실이 3개나 있을 정도로 상당히 컸습니다. 제가 한국에서 머물던 서울대 농대의 찌그러지고 매우 초라했던 관사보다 훨씬 좋았던 것 같습니다.

치안 문제는 일단 해결했습니다. 그러나 또 다른 문제가 머리를 아프게 합니다. 바로 자식 교육입니다. 이건 한국에 있든 나이지리아에 있든 자식 가진 부모로서 반드시 해결해야 할 문제인데 머나먼 이국땅 나이지리아라서 더 신경 쓰이고 해결해야 할 게 많았습니다. 우선 아이들을 현지 학교에 입학시키는 일부터 해결해야 했습니다. 또래들과 학습하는 게 중요했는데 다행히 이바단대학교 구내에는 부속 초등학교와 중학교 그리고 고등학교가 있었습니다. 큰아들은 한국에서 막 중학교를 입학할 시기에 건너왔기 때문에 나이지리아에서도 자연스럽게 중학교에 입학시켰고 작은아들과 막내딸은 초등학교에 입학시켰습니다. 본인들 의지와 상관없이 아프리카 아이들 속에 우리 아이들을 떨궈 놓고 보니 아비로서 마음이 참 착잡하더군요. 거기에 영어를 한 자도 모르니 더욱 힘들었을 겁니다. 그래도 아이들은 아이들인지라 어른보다 더 적응력이 좋았습니다. 또래들과 잘 뛰어노는 모습을 보며 안심이 되곤 했습니다.

그런데 어느 날 아이들이 정원에서 놀다가 나이지리아 흡혈 파리(sand fly)에 물리는 사고가 발생했습니다. 나이지리아 사람들이야 흔한 일이겠지만 우리 아이들은 당황스럽고 놀랄 만했죠. 한 번도 물린 적이 없었기에 면역력도 없었습니다. 아이들이 미치도록 발을 긁어댔는데 큰아들은 그 일로 다리에 종기까지 생겼습니다. 얼마 후 작은아들은 말라리아에 걸려 고열에 시달리기도 했습니다. 말라리아는 아주 위험한 아프리카 풍토병입니다. 우리 가족은 나이지리아에서 매일 말라리아 약을 복용하는 등 이렇게 풍토병과 싸우면서 살아가야 했습니다.

대학 구내 사택에 살면서 부딪힌 또 하나의 문제는 집에 커튼이 없다는 점입니다. 커튼 없이 자다 보니 누군가 창밖으로 슬쩍 지나가기만 해도 너무 놀라서 잠을 잘 수 없었습니다. 어느 날 시꺼먼 물체가 창밖으로 소리를 내며 지나갔습니다. 나중에 알고 보니 제가 고용한 야경군이 총을 들고 나름 충실하게 일하는 모습을 보여 주려고 우리 침실 밖으로 곤봉을 두들기며 지나간 것이었습니다. 우리는 그것도 모르고 너무 놀라서 심한 불면증에 시달리기도 했습니다. 이 일이 우리 가족에게는 심각한 문제여서 이바단대학교 의무실의 영국 의사에게 자초 지경을 설명했더니 김빠지는 소리를 합니다. "여보시오. 나는 여기서 10년간 살았소. 아무 문제 없으니 안심하고 지내시오." 우리 가족은 그가 처방해 준 약을 먹고 불면증에서 벗어날 수 있었습니다.

나이지리아는 영어가 공용어여서 우리 아이들도 영어를 배워야 했습니다. 마침 앞집에 미국인 동료 직원이 살고 있었는데 그 집 아이들과 놀면서 아이들의 영어 실력이 부쩍 늘었습니다. 아내는 집안일을 혼자 해내기 힘들어서 주방 일을 거들어 주는 사람과 정원을 손질할 정원사를 고용했습니다. 아내 역시 이들로부터 나이지리아식 영어를 익혔고 현지 요루바어도 자연스럽게 배웠습니다. 아내는 한국에서 가져간 포켓 영한사전에서 단어를 일일이 찾아가며 연구소에서 매주 나오는 잡지(Weekly Bulletin)와 아이들에게서 온 편지도 읽어 해독했습니다. 연구소에 관한 자세한 소식은 그 잡지를 통해 얻을 수 있었습니다. 아내는 연구소 동료 부인들과도 어울리고 영국인들과 골프도 치고 맥주도 한잔했고 또 종종 친구들과 파티도 하며 생활 영어를 익혀 나갔습니다. 그렇게 하나씩 현지에 적응하다 보니 아내의 영어 실력은 대학 졸업한 사람 이상으로 올라서게 되더군요.

우리 가족의 신앙생활은 이바단대학교 구내에 있는 성당에 도움을 받았습니다. 그곳에서 주일미사를 꾸준히 볼 수 있어서 나름 힘든 일상을 위로받을 수 있었습니다. 신자들은 성당에 입당할 때 신부 뒤를 따라가며 북 치고 춤을 춥니다. 그 모습이 재밌고 참 신기했습니다. 이바단대학교 구내에는 성당뿐만 아니라 개신교 교회도 있었고 이슬람 신자들을 위한 모스크도 있었습니다. 대학이 영국식이라 캠퍼스 안에서 자유로운 종교 활동이 보장되었습니다.

나이지리아에서 생활하면서 겪은 또 다른 문제는 역시 음식이었습니다. 당연하게도 한국에서 먹던 식료품은 구하기 힘들었는데 다행히 이바단 시내에 백화점이 있어서 부족하지만 나름 우리 입맛에 맞는 채소나 음식 재료를 구할 수 있었습니다. 그래서 그런지 나이지리아에 살면서 음식 때문에 힘들었던 기억은 별로 없습니다. 사람은 적응의 동물이라는 것을 나이지리아에서 몸소 느낄 수 있었습니다.

저는 아프리카에서 23년간 살면서 양말에 구멍이 나면 아내가 기워 주어 신고 다녔습니다. 그런 양말을 신고 지내다가 연차 휴가로 가끔 한국에 오면 큰딸아이가 제 양말을 보고서 한국에서는 요즘 양말을 기워 신는 사람이 없다고 내다 버리곤 했습니다. 그래도 저는 지금도 양말을 기워 신고 다닙니다. 돈이 없어 궁색해서가 아니라 아프리카에서 어렵게 살았던 그 시절의 버릇이 남아 있어서일 겁니다. 그리고 그런 절약하는 겸허한 정신을 기리기 위해서이기도 합니다.

열대 구근작물 개량 연구에 돌입하다

연구소 구내에 들어오니 직원 부인들이 모임을 만들어 아이들에게 통신교육을 해줬습니다. 한동안 그렇게 교육을 하다가 나중에 연구소에서 직원 아이들을 위한 초등학교를 만들었습니다. 애들 교육 때문에 늘 걱정이었는데 하나씩 풀려나가는 느낌이 들어 좀 더 연구에 집중할 수 있었습니다. 아이들이 8학년, 9학년이 되자 두 아이는 미국 보딩스쿨에 보내서 교육시켰고, 막내딸은 영국 런던에 있는 보딩스쿨로 보냈습니다. 우리 가족의 나이지리아 생활도 점점 안정상태로 접어들기 시작했습니다.

연구소에서 제일 중점으로 채용한 연구원은 작물육종 분야였습니다. 우선 카사바, 얌(마), 고구마 등 구근작물에 집중해서 품종 개량연구를 진행했습니다. 그리고 각 부서에 병리학자, 곤충생리학자, 재배학자들을 채용했습니다. 제가 소속된 부서에는 화학/가공 조직배양학자를 추가해 주었습니다. 아프리카 농업에서 중요한 것이 토양 지력을 유지하는 일인데 이 연구를 위해서 여러 토양 연구원들과 작부체계 개량, 농업경제학자 등의 연구원을 두었습니다.

제가 부장 직책으로서 추가로 담당한 연구는 식용바나나 개량이었습니다. 열대지방에서는 특히 작물 병이 문제였는데 카사바에 바이러스 병과 박테리아 병이 만연하여 카사바가 잘 자라지 못할 뿐만 아니라 지역에 따라 고사하여 수량이 떨어져 피해가 컸습니다. 때로는 카사바가 완전히 죽어서 폐농하는 경우도 있었습니다. 고구마에도 바이러스 병과 바구미가 문제였고, 식용바나나에서도 곰팡이병이 심하게 발생했습니다. 얌(마의 일종)은 서부아프리카에서 전통적으로 매우 중요한 작물입니다. 그런데 식민지 시대에 공산품의 원료가 되는 면화, 땅콩, 코코아, 오일 팜, 고무 등에 대한 연구는 많이 했어도 카사바와 얌과 같은 토속 식량 작물의 개량은 전연 도외시하고 있었습니다.

저는 카사바, 얌, 고구마, 식용바나나에 대한 기존 문헌 조사를 시작했고 그 작물의 지방 재래종을 본격적으로 수집하러 나섰습니다. 재래종이 육종에서 기본이 되는 유전자원이기 때문입니다. 아프리카의 길은 매우 험했고 비만 오면 자동차 바퀴가 빠져서 한참을 고생하는 게 일상이었습니다. 저는 이런 길을 사륜차로 시골 곳곳에 다니면서 재래종을 수집했습니다. 보통 구근작물은 모두 영양번식하는 식물이어서 외국에서 유전자원을 도입할 때 현지 식물검역을 받아야 했기 때문에 까다로운 식물검역을 통과해서 도입하기가 매우 어려운 상황이었습니다. 그런 상황에서도 제 부서 연구원들은 서부 아프리카의 중요한 작물 중 하나인 3배체 식용바나나와 동남아에서 도입한 2배체 식용바나나를 교배하여 교잡종자를 만들어 내병성 품종을 개량하는 연구에도 집중했습니다.

당시 나이지리아 남부는 비가 많이 오는 지대여서 카사바 병이 크게 문제가 되었고 이로 인해 식량난이 아주 심각했습니다. 이 때문에 1974년 나이지리아 국영지 《데일리 타임즈*Daily Times*》 1면에 '세계가 식량난에 직면하고 있다. 카사바가 죽어가고 있기 때문이다'라는 기사가 나왔을 정도입니다. 그만큼 카사바 병 문제가 심각했던 때였습니다. 그 문제를 해결하려고 여러 해 동안 고심했던 기억이 아직도 선명합니다.

아프리카 어머니들을 보며 어머니 생각에 빠지다

아내와 자식들을 데리고 이역만리 타국에서 연구 생활을 하고 있었지만 가끔 돌아가신 어머니 생각이 나는 건 자식으로서 어쩔 수 없었습니다. 한국을 떠나기 전 어머니의 "가지 마라"라는 그 한마디가 나이지리아 땅에까지 와서 여전히 울려 퍼집니다. 어려움이 닥칠 때마다 어머니 생각이 더 간절해지곤 했습니다. 특히 이곳의 힘겹게 살아가는 어머니들을 보면 그 생각이 더 사무쳤습니다.

아프리카 한가운데에는 매우 가난한 나라인 중앙아프리카가 있습니다. 이 나라에서 세계아동기구(UNICEF)와 함께 카사바 워크숍을 개최하기 위하여 동료들과 출장을 간 적이 있습니다. 세계아동기구(UNICEF)가 카사바에 관심 있는 이유는 카사바가 가난한 아프리카 부인들의 작물이기 때문입니다. 특히 산모들이 아이를 업고 먼길을 걸어 나가서 카사바를 심고 수확하고 가공하여 가족, 특히 어린이들을 부양하고 가정의 어려운 삶을 꾸려가며 살아가야 하기 때문입니다. 더욱이 카사바를 이유식으로 먹는 아기와 산모들의 영양 문제가 카사바에 좌우되기 때문에 부인들의 건강 문제, 가정의 경제 문제 그리고 아이들의 건강 문제, 교육

문제가 카사바에 크게 달려 있었습니다. 그리고 카사바에는 청산이 들어 있어서 청산을 제거하는 가공 과정이 필수입니다. 가공도 부녀자들의 몫입니다. 어머니들은 4~6km 거리의 밭에 나아가 카사바 뿌리를 수확하여 그 무거운 것을 머리에 이고 무더운 길을 다시 되돌아 집으로 와서 카사바를 물속에 3~4일간 담가 발효시킨 다음 꺼내 햇빛에 말립니다. 말린 카사바를 가루로 갈아 더운 물에 개어 찰떡 또는 된 죽처럼 만들고, 카사바 잎으로 만든 수프에 적셔서 먹습니다. 중앙아프리카 사람들은 이처럼 카사바에서 에너지의 약 70%를 얻어 살아간다고 할 수 있습니다.

아프리카 어머니들은 자기들이 가공한 카사바를 아껴서 시장에 내다 판 돈으로 살림에 보태 쓰고 아이들의 옷을 사고 교육비로 쓰기도 합니다. 한국이나 나이지리아나 비슷한 것 같습니다. 아이들의 교육과 가족들의 끼니 그리고 가사는 모두 여자의 책임이었습니다. 아프리카 어머니들은 심지어 남자의 일까지 합니다. 들에 나가 땔감을 해오는 것도 여자의 책임이었습니다. 아프리카 여자는 아이들을 낳아 기르고 밭에 나가 카사바를 길러 캐다가 가공하고 또 땔감을 찾아오고 물을 길어 오고 밥을 해야 하는 것은 물론 빨래도 하고 시장에도 가야 했습니다. 저는 나이지리아에 살면서 아프리카 여인들의 고단한 일상이 그대로 눈에 들어왔습니다. 그리고 어릴 적 제 어머니의 고단한 하루도 자연스럽게 겹쳐 보였습니다. 아프리카 어머니들은 날마다 중노동을 하며 살아가야 합니다.

아프리카 사람들에게 중요한 식량 작물인 카사바에도 단점이 있습니다. 앞서 말한 것처럼 청산이 들어 있다는 것과 단백질이 거의 없어서 영양가가 적다는 것입니다. 청산은 가공을 통하여 제거되지만 영양가는 다른 영양가 있는 음식을 먹지 않으면 보충되지 않습니다. 이 청산을 제거하는 일도 나이지리아 엄마들의 몫입니다. 어른들은 카사바 잎으로 만든 수프에서 상당량의 단백질과 비타민을 섭취하지만 아기는 카사바로 만든 이유식밖에 먹을 수 없습니다. 그래서 중앙아프리카에서 개최한 그 워크숍에서는 어떻게 하면 카사바를 독성이 없고 영양가 있는 음식으로 만들어 영유아에게 먹일 것인지 논의했습니다. 또 카사바로 아프리카 어머니들의 수입을 올릴 수 있는 방안도 강구했습니다.

중앙아프리카에서 워크숍을 했을 때 아주 위험한 사건을 경험한 적이 있습니다. 이 워크숍의 개회식에는 한국 대사를 포함해서 여러 나라의 대사들이 참석했습니다. 저는 개회식 날 주제발표를 하고 내려와서 여러 대사들과 인사를 나누었습니다. 일주일 동안의 워크숍을 끝마치고 직원들의 노고를 치하하는 의미에서 어느 음식점에 택시를 타고 가서 저녁 식사를 함께 하고 호텔로 돌아가려 했습니다. 그런데 택시가 없어서 세계아동기구의 본부 대표와 저는 앞질러 걸어갔고 제 직원들이 뒤따랐습니다. 그런데 한참 가다가 굽은 길을 막 돌았을 때, 갑자기 체구가 큰 장정 세 사람이 칼을 들고 우리 두 사람 앞에 나타나 목에 칼을 대고 위협하면서 모든 소지품을 빼앗아 가버렸습니다. 아주 끔찍한 상황이 벌어진 겁니다.

제 가방에는 여권을 포함한 여러 중요한 증명서와 검역증명서, 여행자 수표 그리고 사진기가 들어 있었습니다. 하필 그날이 금요일 저녁이라서 어디 연락할 수도 없었습니다. 세계아동기구의 중앙아프리카 대표에게 전화를 걸어 이 사실을 알릴 수밖에 없었고 한국대사님에게 전화를 드렸습니다. 대사님이 다음 토요일 날 아침 직원을 대사관에 보낼 터이니 가서 여행증명서를 받아 가라고 해서 다음날 한국 대사관에 갔습니다. 대사관 직원이 근처 중국 건설단에서 제 여권을 발견했다는 연락이 왔다고 알려주었습니다. 그곳을 찾아가서 다행히 여권과 검역증명서 그리고 비행기표를 받아왔습니다. 천만다행이었습니다. 무사히 비행기를 타고 중앙아프리카를 떠나 나이지리아 라고스 공항으로 오면서 기상에서 어머니를 떠올렸습니다. 타지에서 큰일을 당하고 나니 어머니 생각이 간절했습니다. 어머니께서 어린 제게 하신 말씀이 문득 생각나서 종이쪽지에 이렇게 적었습니다.

나나니가 새끼 보고
날 닮어라 날날날
날 닮어라 날날날
이렇게 한다드라

무슨 일이 있어도 의연하게 대처하셨던 어머니. 제가 타지에서 어떤 험한 일을 맞닥뜨려도 차분하게 대처할 수 있었던 것은 다 어머니의 성품을 닮아서인지도 모르겠습니다.

3

가난의 길

나의 연구로 가난의 고통을 덜어줄 수 있다면

개미가 코끼리 세계에 간 것처럼
나는 그 크고 낯선 아프리카
농업 세계에 발을 들여놓았습니다.
한참을 돌고 돌아보았으나
허허벌판이었습니다.

잦은 내란과 치안 불안 속에서
작물 채집을 위한 잦은 출장,
비행기 사고 위험 등
목숨을 내놓지 않고는 할 수 없는 일들.

나는 죽어서 시체로 돌아오는 한이 있더라도
나의 소명을 수행해야 했습니다.
그래서 출장 때마다 미리 유서를 써 놓고
도전하곤 했습니다.

아프리카는 인류를 먹여 살린 작물의 고향

우리 인류를 먹여 살리는 작물은 어디에서 시작되었을까요? 우리 한국 사람이 주로 먹는 쌀, 배추, 옥수수, 감자, 고추 등이 어디서 나왔을까요? 사람도 뿌리의 소중함을 알아야 하듯 작물도 그 뿌리의 소중함을 잘 알아야 합니다. 시작점이 어디인지를 알고 소중하게 생각해야 하는 겁니다. 유럽도 아시아도 아프리카를 무시하면 안 됩니다. 우리의 일용할 양식을 책임져 줄 작물의 조상이 바로 아프리카 대륙이기 때문입니다.

아프리카는 인간이 처음으로 태어난 곳이고 인류 문명이 발생한 곳입니다. 인간이 정착하려면 안정적으로 먹을 게 있어야 합니다. 아프리카 사람들은 야생식물을 재배하면서 정착했고 먹는 게 안정되면서 문명을 창조하기 시작했습니다. 결국 인류 문명은 인간이 스스로 작물을 재배하면서 시작했다고 할 수 있습니다. 우리 인류는 서부 아프리카 사하라 연변에 자생하는 바오바브나무에서 처음으로 안식처를 구했고 먹이를 찾았으며 옷을 만들어 입었습니다. 그러나 바오바브나무는 작물화할 수 없는 식물이었습니다. 한번 심어서 결실을 맺을 때까지 기간이 너무 길었기 때문입니다. 그래서 일년초인 벼, 수수, 조, 동부 얌 등을 재배하기 시작하여 작물화했을 것이라 생각합니다.

인류는 이런 작물들을 서부 아프리카에서 재배하다가 그것들을 가지고 동쪽에 있는 에티오피아와 이집트로 이동하여 재배하면서 살았고, 거기에서 자생하는 밀, 보리, 참깨, 아마, 양파 등을 재배하기 시작했습니다. 이 이야기는 《작물의 고향》이라는 책에도 자세히 정리해 놓았습니다. 인류는 이들 작물을 가지고 바다 건너에 있는 메소포타미아, 지금의 이라크 티그리스 강변에 정착해서 작물을 심었고 그곳 현지에 자생하는 식물을 작물화했습니다. 호밀, 귀리, 배추, 양배추, 상추, 포도, 완두 등이 그것입니다. 바로 여기에서 인간 문명의 꽃이 피어났습니다. 이집트 문명, 메소포타미아 문명은 그렇게 작물의 정착으로부터 시작된 것이죠. 이곳에서 시작해서 두 방향으로 인간 이동이 이루어졌는데 한 방향은 동남아로, 다른 방향은 실크로드를 통하여 몽골을 걸쳐 우리나라에 전해졌을 것으로 보입니다. 작물은 이렇게 인간과 함께 아프리카 땅에서 전 세계로 전파되었습니다.

아프리카 여러 나라는 한동안 유럽 제국의 식민지였습니다. 영국, 프랑스, 포르투갈 등이 아프리카에 건너와 마음대로 국경을 만들고 식민 통치를 했죠. 그때 만든 국경은 아프리카 각 민족의 터전은 무시하고 유럽 사람들 마음대로 그어 놓은 것이어서 지금까지도 그 국경으로 인한 마찰이 아프리카 전역에서 끊이지 않고 있습니다. 유럽은 자기들 나라의 경제를 위해 아프리카에 있는 공업원료 생산에만 집중적으로 힘을 썼을 뿐 아프리카 사람들의 식량 작물에 대해서는 전혀 연구하지 않았습니다. 유럽인들은 또한 아프리카의 기존 질서는 철저히 무시하고 오로지 자기들의 통치 방법으로 아프리카를 망쳐 놓았던 겁니다. 우리 인류 문명의 큰 거인은 그렇게 유럽 사람들의 오만으로 상처를 입고 병들어 갔습니다.

아프리카의 날씨와 토양을 보면, 사하라 연변을 제외한 중부 아프리카는 비가 많이 오고 동부 아프리카는 비가 적게 오는 사바나 지역입니다. 그래서 중부 아프리카는 가뭄이 적고 동부 아프리카는 가뭄이 심한 편입니다. 아프리카의 토양은 지질학적으로 가장 오래된 토양입니다. 따라서 태양의 복사열에 또 빗물에 쉽게 유실될 수 있습니다. 인구 증가로 인하여 숲을 개간해서 농지화하다 보면 토양이 혹사당하고 이 때문에 기후변화가 급격히 일어나게 됩니다. 그래서 사하라 사막이 매년 5m씩 남진하여 사막이 점점 넓어지고 있는 것이죠.

예부터 땅심을 걸우지 않는 농심은 하늘마음을 품지 못한다고 했습니다. 편리와 자본에 눈이 멀어 땅심을 돌보지 않는 농업은 우주의 순환 원리에서 멀어집니다. 생명의 근원에 닿은 이는 땅에 깊이 뿌리내리는 법입니다. 우리의 생명 에너지는 땅에서 나옵니다. 생명의 순환 질서는 땅 위에서 실현됩니다.

우리 인류의 생명의 근원이었던 아프리카. 그 땅의 주인인 아프리카 사람들도 잘못이 있습니다. 그들이 소중한 땅을 제대로 다루지 못하고 혹사만 하여 지력이 급격히 소실되었고 환경이 파괴되었습니다. 아프리카는 가장 먼저 인류 문명을 만든 땅이었지만 가장 낙후한 대륙이 되어 갔습니다. 적어도 1970년대까지는 아프리카 여러 나라가 아시아 여러 나라보다 더 잘 살았습니다. 하지만 지금은 가장 못 사는 대륙이 되었습니다. 아프리카는 여러분들도 잘 아시다시피 자연 자원 특히 광물 자원이 풍부한 대륙입니다. 서방 국가와 중국이 아프리카에 활발하게 진출한 이유도 자원 때문입니다.

아프리카는 풍부한 자연 자원이 있지만 자력으로 개발해서 이용하지 못하고 모두 외국에 의존하고 있는 형편입니다. 광물의 경우는 전 세계 주요 자연 자원의 3분의 1을 아프리카가 보유하고 있습니다. 백금, 크롬, 망간, 코발트, 원유, 동, 다이아몬드, 금, 철광석, 니켈, 우라늄 등이 아주 풍부한 땅입니다. 해안 지역도 넓게 퍼져 있어서 고무, 커피, 코코아, 팜유, 땅콩 같은 농산물은 물론이고 수산물 자원도 아주 많습니다. 그렇게 풍요로운 땅이 가난에 허덕인다는 게 아이러니 아닌가요?

아프리카는 1957년 가나의 독립을 시작으로 1960년에는 나이지리아가 독립했고 그 후 여러 나라가 유럽의 손아귀에서 벗어나 각자 독립의 길을 걸었습니다. 식민 통치에서 해방된 후에는 미국과 러시아의 이념적, 군사적 격전지로 이용되면서 독립의 달콤함은 제대로 맛보지도 못한 채 다시 전쟁, 학살, 빈곤에 더욱 허덕이게 됩니다. 아프리카 여러 나라는 정치적으로 불안정하고 지도자 빈곤에도 허덕입니다. 독립되었지만 프랑스 옛 식민지의 경우는 경제적으로 독립되지 못한 채 지금까지도 식민지 상태나 다름없는 상황이 이어지고 있습니다. 상황이 이렇게 안 좋은데도 아프리카의 인구는 계속 증가하고 있습니다. 그것도 매우 빠른

속도로 늘어납니다. 식량 생산은 답보 상태인데 사람은 계속 늘어나니 당연히 먹을 게 부족할 수밖에 없습니다. 바로 이게 아프리카의 고질적인 문제입니다. 어떻게 이 인구를 앞으로 먹여 살릴 수 있을까요? 참으로 아득하고 답답할 뿐입니다.

심각한 카사바 병 문제를 어떻게 해결했는가

먹을 게 부족한 아프리카, 특히 나이지리아의 식량난을 어떻게 해결해야 할까요? 나이지리아 사람들이 가장 많이 재배하고 주식으로 하는 카사바와 얌부터 연구하는 게 순서였습니다. 그래서 저는 일단 나이지리아 전역은 물론 이웃 나라들을 돌아다니며 이 작물의 지방종을 철저하게 조사 수집했습니다. 이 두 가지는 그들의 조상 때부터 계속 재배하고 먹어온 작물입니다. 우리 한국 사람의 주식이 쌀이었다면 나이지리아 사람들의 주식은 카사바였습니다. 그 외 작물로 수수, 옥수수, 조 등을 재배했고 놀랍게도 벼를 재배하는 곳도 있었습니다. 제가 《작물의 고향》이라는 책에서 밝혔듯이 아시아 벼와 가장 가까운 사촌 벼의 고향도 결국 이곳 아프리카였습니다. 나이지리아는 카사바만큼 얌과 식용바나나도 즐겨 먹습니다. 그들이 즐겨 먹는다는 건 그 작물들의 재배가 토양에 맞는다는 것이고 그것만 잘 연구하여 개량하면 나이지리아의 식량난을 해결할 수 있을 것이라 생각했습니다.

카사바, 얌, 식용바나나 등은 아프리카의 토질과 기상에 따라 재배하는 지역이 달라집니다. 아프리카의 식량 작물인 카사바와 얌, 벼 그리고 식용바나나는 주로 비가 많이 오는 지역에 재배되고, 얌과 옥수수는 주로 반건조지역에서 재배되며, 수수, 조 등은 건조지역에서 재배됩니다. 이렇게 카사바와 얌은 비가 많이 오는 지역과 반건조지역에서 널리 재배되고 있습니다. 따라서 이런 작물들은 환경 적응의 폭이 비교적 크다고 할 수 있을 겁니다. 사하라 사막 연변의 건조지역에서는 수수, 조 등이 주종 작물입니다. 이 작물들은 내건성이 비교적 강하고 숙기가 짧습니다. 이 지역은 강수량이 적기 때문에 이런 작물들의 병충해가 적습니다. 또 초원이 많고 체체파리 피해가 적어 축산이 잘 되는 곳입니다.

아프리카에서 인구 밀도가 큰 지역에서 카사바와 얌 그리고 식용바나나가 많이 재배됩니다. 따라서 이 작물들이 가난한 아프리카 사람들의 주식 작물이라 할 수 있습니다. 카사바, 얌, 식용바나나는 국제열대농학연구소에서 제가 연구한 작물인데 제 연구가 그 지역 가난한 아프리카 사람들의 식량 안전에 중요한 역할을 한다는 것은 늘 자부심과 보람 그 이상을 선사했습니다.

영양번식을 하는 카사바, 얌, 고구마의 외국 품종을 들여오는 일은 식물검역 문제로 매우 어려웠습니다. 그래서 종자를 도입하는 것으로 방향을 전환했습니다. 1972년 카사바 원산지인 브라질 캄피나스에 가서 카사바 재래종과 야생 근연종의 종자를 도입했습니다. 고구마는 미국과 한국 그리고 일본에서 종자를 도입했습니다. 카사바의 경우 종자를 도입하기는 했지만 종자 발아법은 알 수 없었습니다. 종자 발아법을 고심하다가 카사바 종자를 햇빛 잘 드는 땅에 심고 물을 주었더니 발아가 아주 잘 되었습니다.

그 당시 브라질에서는 재배종 카사바와 야생 근연종의 종자를 발아시켜 실생을 만들고 그것을 계통화한 다음 좋은 품종을 선발하고 있었습니다. 브라질에서 도입한 카사바 야생 근연종은 바이러스와 박테리아 병에 강했습니다. 그래서 이 야생종으로부터 내병성을 도입하고자 카사바 재래종과 교잡했습니다. 소위 이종간 교잡을 실시한 겁니다. 또 그 차대를 재래종과 교잡했고 거기서 바이러스와 박테리아에 강한 개량 카사바가 나왔습니다. 이것을 계통화하고 선발하여 수량 검정해 보았더니 두 가지 병에도 모두 강하고 수량이 많은 계통을 선발해 낼 수 있었습니다. 이건 아주 특별한 행운이었습니다. 한 소스에서 두 병에 대한 저항성을 얻을 수 있었고 수량과 품질도 좋은 계통을 얻어낼 수 있었던 것입니다. 연구에 집중하다 보면 하늘은 가끔 이런 선물을 주시는 것 같습니다. 그래서 농업전심(農業專心), 원칙재천(原則在天)이라 적었습니다. '농업을 전심으로 하다 보면 원칙이 하늘에서 내린다.'라는 뜻입니다.

브라질에서 도입한 카사바 야생종은 나이지리아에 있는 재배종 나무와 같이 키가 월등하게 큽니다. 저는 조수들을 시켜 야생종과 재배종을 대대적으로 교배하여 수천 개의 교배종자를 얻었습니다. 교배하고 나서 하얀 천으로 만든 봉투를 씌우는데 카사바 꽃에는 밀원이 가득해서 벌들이 날아오기 때문에 날아드는 벌을 막기 위해서입니다. 내병성을 검정한 다음 내병성 계통을 증식하여 여러 환경 조건하에서 시험 재배해 보았더니 내병성이 지속적으로 확실하게 유지되었고 수량이 2~3배 많아 그 계통을 선발하여 여러 지역에 재배하여 수량검정을 했습니다. 그중 내병성이고 수량이 많은 계통을 더 증식해서 농민들에게 심도록 권장했습니다. 이 카사바가 나이지리아 식량 혁명의 시작이 된 것입니다. 제가 그 일에 일조했다는 건 제 인생의 가장 큰 보람 중 하나입니다.

이 일로 저는 1976년 나이지리아 국영지 《데일리 타임즈》 1면

전면에 'More Gary For You'라는 기사에 실리게 됩니다. '국제열대농학연구소 한상기 박사의 연구로 카사바 병 문제가 해결되어 카사바 가공식품 가리가 더 나오게 되었다.'라는 내용이었습니다. 나이지리아 국민들의 배고픔을 덜어준 일로 제 이름이 신문 1면에 실리는 일은 아주 큰 영광이지만, 나이지리아 사람들이 더 이상 배고프지 않게 된 것 그 자체가 오히려 더 큰 기쁨이고 행복이었습니다. 가장 혹심하게 카사바 병 피해로 식량난에 허덕였던 나이지리아 지역의 유명 행정가이자 시인인 플로라 누아파(Flora Nwapa)가 다음과 같은 시로 카사바를 찬양하기도 했습니다.

카사바 찬양가(Cassava Song)

(1절)

전능하신 주님 감사합니다.

우리에게 카사바를 주셨으니

우리는 카사바를 찬미합니다.

위대한 카사바

카사바 당신은 척박한 땅에서도 자라고

거름 진 땅에서도 자라고

뜰에서도 자라고

밭에서도 자라고

카사바 당신은 재배하기 쉬워

어린이들도 심을 수 있고

부녀자들도 심을 수 있고

누구나 당신을 심을 수 있습니다.

우리는 당신 카사바를 찬미합니다.

위대한 카사바, 당신을 찬미합니다.

우리는 절대 잊어서는 안 됩니다.

위대한 카사바 당신을

(2절)

철부지 우리를 용서하여 주십시오.

우리의 잘못을 용서하여 주십시오.

우리의 자만심을 용서하여 주십시오.

당신의 위대함을 잊고 사는

우리는 쉽사리 배신하며 살아가고 있습니다.

당신이 우리를 배불리 먹여 살리신 것을

우리가 잘살게 되면 쉽사리 잊고

배은망덕하며 살아가고 있습니다.

우리 멍청이들은 당신 은혜를 쉽게 잊고

당신을 놀려 대기도 하고

조소하기도 하며

은덕을 쉽게 잊는 철부지

우리를 당신의 자식처럼 먹여 주셨고

인자한 자모처럼

우리를 살찌게 하여 주셨으나

우리는 쉽사리 그 은혜 잊고 삽니다.

당신은 우리를 용서하여 주십시오.

위대한 자모 카사바

위대한 자모 카사바

우리의 잘못을 용서하여 주십시오.

4배체와 3배체 카사바를 만들어 내다

야생종 카사바의 내병성을 재래종 카사바에 도입하기 위해 이종간 교배 연구를 15년간 진행하던 어느 날, 카사바 연구 포장에 나가 카사바 여러 계통을 관찰 조사하고 있었습니다. 죽 조사하다 보니 매우 이상한 잎을 가진 카사바를 발견했습니다. 자세히 들여다보니 원 카사바 줄기에 맺은 잎은 정상적인데 그 옆에서 나온 가지의 잎은 크고 두꺼웠으며 색깔도 진했습니다. 이 카사바의 원 줄기와 그 옆에 나온 이상한 카사바 가지를 각기 잘라 포장에 심어 조사 관찰했습니다.

원래의 카사바보다 이상한 카사바의 줄기에서 나온 계통은 크기도 잎도 훨씬 크고 두꺼웠으며 색깔이 짙었습니다. '옳거니!! 이 이상한 카사바가 자연적으로 발생한 4배체구나!'라고 판단하고 현미경으로 염색체를 조사했습니다. 과연 이상하게 생긴 그 큰 카사바는 염색체가 배가 된 4배체였고 원래의 것은 2배체 카사바였습니다. 이렇게 자연 발생된 4배체 카사바를 처음으로 발견한 겁니다. 보통의 카사바는 2배체로 36개의 염색체를 갖고 있는데 4배체의 카사바는 72개의 염색체를, 3배체의 카사바는 54개의 염색체를 갖고 있었습니다.

그다음 2배체 카사바와 4배체 카사바를 교배하여 여러 교배종자를 받았습니다. 그 교배종자를 발아시켜 기른 다음 계통화했습니다. 그 결과로 2배체 카사바, 3배체 카사바, 4배체 카사바가 나타났습니다. 그것을 포장에 심어 조사했습니다. 좋은 3배체 계통을 선발하여 개량한 내병다수성 카사바와 대조하여 포장에 심어 비교 시험을 했고, 수량이 많은 3배체 카사바를 선발했습니다. 이것을 계속 포장 검정시험을 하여 슈퍼 카사바 계통을 얻게 되었습니다.

씨 없는 수박도 2배체(2x)와 4배체(4x)를 교잡하여 3배체(3x)를 만들어 내는 원리를 이용합니다. 다만 수박은 종자번식하는 작물이고 카사바는 영양번식하는 작물이어서 수박의 경우는 3배체(3x) 종자를 계속 만들어 심어 씨 없는 수박을 생산합니다. 카사바의 경우는 3배체(3x) 카사바의 줄기를 잘라 번식하기 때문에 매번 만들 필요 없이 3배체 카사바를 심어 생산할 수 있습니다.

씨 없는 수박은 원래 일본 기하라 교수가 콜치신이란 약품을 처리하여 인위적으로 만든 4배체 수박을 일반 2배체 수박과 교배하여 3배체 수박씨를 만드는 방법을 사용해 처음으로 만들었습니다. 이 방법을 우장춘 박사가 적용하여 씨 없는 수박을 만들어 한국 농민들을 놀라게 했다고 합니다. 3배체 수박은 씨를 생산하지 못하기 때문입니다.

콩고에서 번지기 시작한 '면충'의 재앙

내병다수성 카사바 연구는 아주 잘 진행되었고 재배도 성공했습니다. 나이지리아 사람들의 웃음소리는 곳곳에서 커져 갔습니다. 배고픔만 해결하면 이렇게 사람들이 행복해질 수 있다는 걸 알게 되었습니다. 저는 이들의 밝은 얼굴에서 제 연구의 보람을 느꼈습니다. 가족들도 이웃 주민들의 행복에 같이 행복해졌습니다. 그런데 한국의 격언 중에는 호사다마라는 말이 있습니다. 세상일은 늘 좋은 일만 있을 수는 없는 것이겠죠. 아프리카 사람들이 가난에서 조금 벗어나는가 싶더니 또 다른 훼방꾼이 나타나기 시작했습니다.

"박사님, 큰일 났습니다. 콩고에서 카사바가 다 말라 죽고 있습니다. 어서 와 주세요."

저는 너무 놀라서 가방도 제대로 챙기지 못하고 이웃 나라 콩고로 달려갔습니다. 쿵쾅거리는 마음을 진정시키며 콩고에 도착하니 카사바밭이 거의 초토화된 상태였습니다. 잎은 모두 오그라들었고 줄기는 누렇게 떠 있었습니다. 병든 카사바 잎을 천천히

살펴봤는데 가만히 보니 뭔가 이상한 게 기어가고 있었습니다. 한 번도 본 적 없는 이상한 벌레였습니다. 박테리아나 바이러스도 아니었습니다. 범인은 이 녀석들 같았습니다. 이 벌레들이 콩고의 카사바밭을 다 망쳐 놓은 게 확실했습니다.

'아, 이 일을 어떻게 해야 하나?'

일단 콩고의 농부들을 만나는 게 우선이었습니다. 그들로부터 자초지정을 들어봐야 했습니다. 깊은 우울에 빠져 있는 마을에 들어가 나이 든 농부 한 사람을 만났는데 그는 저를 보자마자 참았던 울음을 터뜨립니다.

"박사님, 이 밭에 우리 식구들 목숨이 달려 있습니다. 우리는 카사바에서 뿌리는 양식으로 잎은 채소로 하여 의지하며 카사바에 생명을 걸고 살아가는데 앞으로 우리 아이들에게 뭘 먹여야 할지 막막합니다. 이건 전쟁보다 더한 비극입니다. 어쩌면 좋을지요…."

저도 어릴 적에 농사를 짓던 집에서 자랐기에 늙은 농부의 이 눈물을 충분히 이해할 수 있었습니다. 제가 아프리카에 온 이유도 바로 이런 농부들의 눈물을 닦아 주기 위함이 아니었던가요. 저는 다시 제가 어떤 일을 해야 하는지 초심으로 돌아가 의지를 다졌습니다.

콩고는 그 이름 모를 벌레 때문에 큰 흉년이 들었습니다. 곳곳에서 굶는 사람들이 생겨났고, 안 나오는 엄마 젖을 하염없이 물고 있는 어린아이들도 엄마도 죽어갔습니다. 거기에 무서운 '에볼라' 전염병까지 돌아 한때 생기가 넘쳤던 마을에는 죽음의 그림자가 짙게 드리워졌습니다. 제가 할 일은 분명했습니다. 카사바밭을 망친 이 벌레들의 정체를 하루라도 빨리 알아내는 것이었죠. 그걸 알아내지 못하면 아무리 카사바를 키워도 소용없는 일이었습니다. 저의 모든 연구 노하우는 이제 이 벌레를 퇴치하는 데 집중해야 했습니다.

저는 다시 연구소로 돌아갔습니다. 마음이 무겁다 보니 제 발걸음도 무겁더군요. 그러나 그럴수록 이 위기를 극복하고자 하는 저의 사명감은 더욱 강해져 갔습니다. 이 문제를 반드시 해결해야 했기에 도저히 잠을 잘 수가 없었습니다. 어떻게 해결해 보려 했지만 저는 이 벌레를 한 방에 효과적으로 죽이는 방법을 찾느라 누가 불러도 대꾸도 하지 못하고 밥도 못 먹을 지경이었습니다. 제 꿈에도 이 벌레들이 돌아다닐 정도로 벌레에 집중했습니다.

그런데 어느 날 문득 모든 벌레는 천적이 있다는 생각이 떠올랐습니다. 이 벌레를 살충제로 죽인다고 해결될 문제가 아니었고 또 할 수도 없었기에 그 천적을 활용해야겠다고 생각했습니다.

이건 그야말로 유레카의 순간이었습니다. 그 이상한 벌레의 이름은 '면충'이었습니다. 그런데 면충의 천적은 그 녀석들보다 더 작은 기생충이었던 겁니다.

이이제이(以夷制夷). 적을 적으로 제압하자는 생물학적 방제 전략을 썼습니다. 기생충이 카사바 밭의 면충을 잡아먹을 것이라고 생각했습니다. 농약을 쓰지 않고 벌레를 없애는 획기적인 방법이었습니다. 이 방법은 사람에게도 카사바밭에도 해가 없는 최상의 방법이었습니다.

'이 기생충을 카사바밭에 풀어 놓아 보자.' 그런데 이 천적을 어디에서 찾을 수 있을까? 고민 끝에 카사바 원산지에 가서 그 천적을 찾기로 하고 곤충학자를 급히 채용해서 자동차와 현미경을 구입하고 멕시코에서부터 남미까지 파견을 보냈습니다. 이 곤충학자가 자동차로 멕시코에서 출발하여 중미지역을 더듬어 다니면서 천적을 찾았습니다. 드디어 베네주엘라에서 카사바 면충의 천적을 발견했다는 소식을 들었습니다. 매우 기뻤지만 그 천적은 아프리카 카사바 면충의 천적이 아니었습니다. 다시 원점으로 돌아가고 말았습니다. 그러던 차에 콜롬비아에 있는 자매연구소의 곤충학자가 애인을 만나러 파라과이에 갔다가 우연히 카사바 면충에 기생하는 매우 작은 기생봉을 발견했다는 소식을 전해 주었습니다. 그래서 그 천적을 영국을 통해 나이지리아 연구소에 가져와서 대대적으로 증식했습니다. 그런 다음 이 천적을 비행기로 살포하고 다녔습니다. 그렇게 해서 2년 만에 어마어마한 카사바 면충의 집단을 최소화할 수 있었습니다. 이것은 20세기 가장 성공적인 생물학 방제로 알려졌습니다. 저는 아프리카에서 크게 문제가 된 이 카사바 면충을 1974년 콩고공화국에서 처음으로 발견하고 보고한 첫 번째 과학자가 되었습니다. 이 일로 저를 도와준 곤충학자는 세계식량상을 수상하게 되었습니다.

이 파괴적인 카사바 면충을 남미에서 아프리카로 들여와서 카사바를 망치게 한 범인은 누구일까요? 누군가가 남미에 가서 카사바 줄기를 정식으로 식물검역 절차를 밟지 않고 아프리카에 들여오면서 카사바 면충도 함께 들여오게 되었을 것으로 추측합니다. 우리나라에도 그런 사례가 많습니다. 식물을 해외에서 도입할 때 식물검역 절차를 충실히 밟아야 합니다. 그러지 않으면 장차 아프리카 카사바 면충 사례처럼 큰 피해를 볼 수 있습니다. 제가 1957~1970년 수원지방에서 잡초연구를 했을 때 조사한 잡초 외에 낯선 잡초가 허다했습니다. 이게 해외에서 우연히 도입된 잡초가 많다는 사실을 알려준다고 생각합니다.

그 이후 콩고의 카사바밭은 어떻게 되었을까요? 크고 싱싱한 카사바를 손에 쥔 농부들의 웃음소리가 이 밭 저 밭에서 터져 나왔습니다. 카메룬 여자 농부는 지방 영어 크리오로 “Time no day!”라고 하며 좋아했습니다. 좋아서 죽을 지경이라는 뜻일 것입니다. 너무나도 소박하고 행복한 웃음소리였습니다. 저에게는 천국과 다름없는 웃음소리였습니다. 그 웃음소리를 들으니 제가 해야 할 연구의 갈 길이 더 선명해졌습니다. 저는 언제까지 아프리카 땅에 있을 수 없었습니다. 아프리카 사람들이 스스로 농업 연구를 해서 스스로 우수한 종자를 만들어 내도록 해야 했습니다. 그게 저의 다음 과제였습니다. 저는 순수하고 열정적인 아프리카 사람들을 모아서 제 지식과 노하우를 가르쳐 주기로 결정했습니다. 이 교육활동을 위해 국제기구에도 자금지원을 요청했습니다. 당시 제 강의를 듣는 아프리카 사람들의 눈망울이 아주 똘망똘망했던 것으로 기억합니다. 저는 무언가 또 다른 도전의 과업이 보이는 것 같았습니다.

아프리카의 가난을 몰아내고 싶은 그 집념 하나

제가 어릴 때도 시골은 가난했고 배고픈 사람들도 많이 봤습니다. 그런데 아프리카는 더 가난하고 더 굶주리고 있었습니다. 카사바 문제만 해결하면 모두가 배부르고 행복한 삶을 살 수 있을 텐데 아무도 그것을 해결하려고 시도하지 않았습니다. 농민들은 병든 카사바를 붙잡고 하늘만 쳐다볼 뿐이었습니다. 옆에서 지켜보는 저는 그게 너무 안타까웠습니다. 그래서 개량 카사바 연구에 더 몰두했던 것 같습니다.

재배종 카사바와 수입된 야생종 카사바를 교잡해서 만들어 낸 계통은 처음에는 낯설었지만 연구를 거듭하여 보니, 아프리카 토양과 기후에 잘 적응하고 아프리카 사람들의 식성에 맞고 바이러스와 박테리아 두 가지 병에 강하고 다수성인 새로운 카사바 계통이었습니다. 다음 과제는 제가 개량한 내병다수성 카사바 품종을 증식하여 농민들에게 보급하는 일이었습니다. 이것이 조직적인 보급과 지도체제 없는 나라에서 내병다수성 카사바를 만들어 내는 것보다 더 어려운 과제였습니다. 당시에는 나이지리아뿐만 아니라 아프리카 전역에 농업 지도 보급체계가 제대로 되어 있는 곳이 없었습니다. 그런 곳에서 어떻게 내병다수성 카사바 품종을 증식하여 농민들에게 보급하느냐는 매우 어려운 문제였습니다. 그래서 생각하다가 문득 옛날 미국 조니 애플씨드(Johny Appleseed)라고 알려진 목사(본명 John Chapman, 1774~1845년)의 행적이 떠올랐습니다. 그는 사과 묘목을 만들어 마차에 싣고 미국 오하이오주, 펜실바니아주, 인디애나주로 다니면서 여기저기에 사과 묘목을 심고 직접 판매도 하며 사과를 보급하고 장려했습니다.

그래서 제가 개량한 내병다수성 카사바 품종의 줄기를 차에 싣고 조수와 함께 나이지리아의 시장에 가서 농민들에게 나누어주었습니다. 이때 꽤 많은 나이지리아 여성들이 모여들어 개량 카사바 종자를 얻어갔습니다. 카사바는 여자의 작물이었기 때문에 더 그랬을 겁니다. 역시 가족의 식량을 책임지는 건 여자였기에 여자들이 남자보다 더 관심이 많았던 것이죠. 또 조수와 함께 다니며 카사바가 죽어가는 곳이 있으면 거기에 내병다수성 카사바 줄기를 꽂았습니다. 처음에는 사람들이 남의 밭에 이방인이 와서 카사바 줄기를 꽂아대는 것을 보고 '신성 모독'이라며 다 뽑아버릴 것이라는 우려도 있었습니다. 하지만 몇몇 나이지리아 농민들은 새로운 카사바 줄기가 자기 밭에 꽂혀 싱싱하게 자라는 모습을 보고 나중에 '이것은 신이 주신 선물'이라며 개량된 카사바를 반겼고, 증식해서 이웃과 나누기 시작했습니다. 어떤 농부는 하늘이 자신을 불쌍히 여기어 건강한 카사바를 내려주었다며 고마워하기도 했습니다.

이렇게 내병다수성 카사바를 농민들에게 보급했다고 연구소

이사회에서 보고하니 이사들이 그건 연구소가 할 일이 아니라며 반대 의견을 보였습니다. 연구소가 새로운 작물 품종을 만들어 연구소에만 갖고 있으면 무엇합니까? 그래서 농민들을 데려다가 강의하고 그들에게 개량 카사바 품종을 나누어주기로 하여 많은 농가에게 보급했습니다. 이후 바이러스에 강한 내병 다수성 카사바를 심어본 농민들은 그 효과에 반색하며 기뻐했고 카사바를 수확하고 남은 줄기를 길가에 또 시장에 내다 판매하기에 이르렀습니다. 그렇게 하여 나이지리아 전역에 개량 내병다수성 카사바 품종이 급속도로 많은 농민의 손에 전해졌고, 단기간에 그들의 식량문제를 해결할 수 있었습니다. 좋은 것은 굳이 광고하지 않아도 효과만 입증되면 저절로 퍼진다는 사실을 깨닫게 됩니다.

카사바는 제가 23년간 연구한 아주 중요한 작물이고 아프리카의 식량난을 해결한 공신이라 할 수 있습니다. 카사바는 원래 브라질이 원산지인 작물입니다. 포르투갈 사람들이 브라질 동북부를 점거하고 살면서 아프리카 사람들을 노예로 데려다가 브라질에 정착시켜 부려 먹었습니다. 그리고 노예로 팔아먹기 위하여 아프리카와 브라질 사이를 빈번히 왕래하곤 했습니다. 브라질 현지에서는 밀을 재배할 수 없었기 때문에 포르투갈 사람들의 대체 식량이 필요했고 이를 위해 카사바를 이용한 것입니다. 포르투갈 사람들도 먹고, 그들이 데리고 온 아프리카 노예들도 먹여 살리려면 카사바가 필요했습니다. 그들은 16세기 말부터 브라질에서 가져온 카사바를 아프리카 콩고강 입구에서 재배하기 시작했습니다. 카사바가 아프리카에 도입되기 전에는 중부 아프리카에 식량 작물이 없었습니다. 카사바가 아프리카에 도입된 이래 아프리카 사람들을 먹여 살릴 식량 작물이 생겨났고 서부 아프리카에 급속도로 전파되었습니다. 바로 이 카사바가 아프리카 사람들의 식량이 된 것입니다. 카사바는 세계 8대 작물 중 하나입니다. 카사바는 아프리카 사람들에게도 좋은 작물이지만 건계에도 살아남고 다른 작물과 비교하여 비교적 환경 파괴가 덜해서 다른 지역에서도 재배하기 쉬운 작물입니다. 카사바는 연중 밭에서 재배가 가능하기 때문에 수시로 수확하여 가공해서 먹을 수 있습니다. 그리고 카사바로 만든 음식이 아프리카 사람들의 식성에 딱 맞았습니다. 카사바 잎은 채소로 먹을 수 있고 카사바 줄기는 재식 재료로 씁니다. 이처럼 카사바는 버릴 것이 하나 없는 중요한 작물입니다.

카사바의 뿌리는 전분으로 쓰이고 줄기는 재식 재료로 쓰이고 잎은 아프리카 사람들의 중요한 채소로 쓰이니 아프리카 사람들에게 이보다 좋은 작물이 어디 있겠습니까? 그리고 빈번한 한발로 심한 피해를 보는 아프리카에 한발에 강한 카사바가 커다란 도움이 됩니다. 카사바는 아프리카 사람들의 재배와 이용 그리고 식성에 안성맞춤입니다. 그래서 카사바는 아프리카에 도입된 이후 급속도로 전파되어 아프리카 사람들을 먹여 살린 고마운 작물입니다. 카사바를 들여온 후 아프리카의 인구가 급속도로 증가했다고 합니다.

오랫동안 식량난으로 허덕이는 대륙이지만 개량 카사바 덕분에 서부 아프리카와 중부 아프리카는 기근이 점차 사라지게 되었습니다. 인도 역시 옛날에 심한 식량난으로 고생했지만 카사바를 재배하던 인도 남서부 케릴라 주에만 기근이 없었습니다.

카사바는 가뭄에 강하지만 옥수수는 가뭄에 약합니다. 그리고 옥수수는 비료가 있어야 하고 카사바는 비료가 그리 필요치 않습니다. 그래서 가난하고 가뭄이 심한 아프리카에 카사바는 매우 적합한 작물입니다. 그런데 아프리카 사람들이 푸대접을 받으며 살았듯이 이 카사바도 한때 푸대접을 받았고 이를 연구하는 저도 푸대접을 받기도 했던 것 같습니다. 카사바와 20여 년의 인생을 살아온 사람만이 느낄 수 있는 아픔입니다. 제가 오기 전에도 서구의 많은 생태학자들이 아프리카를 찾았지만 실패하고 되돌아간 이유는 아프리카에 대한 이해가 부족했기 때문일 것입니다.

서구 사람들은 아프리카에서 현금이 되는 작물에는 눈독들이고 정작 아프리카 사람들의 배고픔을 치유할 식량 작물에 대해서는 거들떠보지 않았습니다. 심지어 1970년에 노벨평화상을 받은 미국 농학자 노먼 볼로그도 아프리카 식량문제를 해결하기 위해 막대한 경비를 쏟아부었지만 그 어떤 것도 해결하지 못하고 손들고 떠났습니다. 아프리카 사정을 잘 모르고 무시하고 그냥 덤벼들었기 때문입니다.

세계식량기구의 통계에 따르면 내병다수성 카사바 계통이 나이지리아에만도 500만 정보에 재배되고 있다고 합니다. 그뿐만 아니라 베냉, 토고, 가나, 카메룬 등 아프리카 전역으로 보급되어 갔습니다. 이 덕분에 저는 1982년 영국 기네스에서 기네스 과학 공로상을 수상했고, 1984년에는 영국 생물학술원(Institute of Biology)에서 한국인으로 처음 펠로우상을 수상했으며 1986년에는 세계 식량상에 추천되어 차석이 되었습니다. 제가 카사바 모자이크 바이러스 병과 박테리아에 대한 저항성을 주입하여 개량한 내병다수성 카사바 품종의 내병성은 지난 50년간 계속 유지되었습니다. 한국 벼 품종의 평균수명은 3~5년 정도인 것과 비교하면 아주 놀라운 성적입니다. 내병다수성 카사바는 지금 현재도 아프리카 사람들을 먹여 살리고 있습니다. 그게 제 인생의 가장 큰 보람이지 않을까 생각합니다.

당시 보급에도 운이 따랐습니다. 개인이 트럭을 몰고 돌아다녀 봤자 그 광활한 땅에서 카사바 보급은 한계가 있을 수밖에 없습니다. 당시 유럽의 석유업체 Shell/BP는 나이지리아 석유와 천연가스 채굴권을 가지고 있었습니다. 식민지 시대의 역사도 한몫했던 겁니다. 석유 나오는 지역 주민들이 먹고 살아가는 카사바가 병들어 죽어가기 때문에 그 주민들의 식량문제가 매우 심각해지자 Shell/BP 회사가 나서지 않을 수 없게 되었습니다. 지역 주민들이 배고픔에 폭동을 일으키면 야단이기 때문입니다. 그래서 Shell/BP 입장에서는 나이지리아 주민들에게 조금이라도 잘 보여야 '최대한 분쟁 없이' 사업을 해나갈 수 있던 상황이었습니다. 그들이 선택한 게 바로 제가 개량한 병에 강하고 수량 많은 카사바였습니다. Shell/BP에서 앞장서서 개량된 카사바를 농민들에게 보급하기 시작했습니다. 여론을 잠재우기 위한 것이었지만 결과적으로 기근을 해결하게 된 것이죠.

저는 나이지리아뿐만 아니라 사하라 사막과 남아프리카를 제외한 아프리카 여러 국가를 돌아다녔습니다. 제 보물 중 하나인 '수집' 앨범에는 수백 장에 달하는 항공권이 빼곡히 들어가 있습니다. 제가 개량한 카사바 품종은 현재 41개 아프리카 국가에 보급되어 있고, 고구마 품종은 66개 국가, 얌 품종은 21개 국가, 식용바나나 품종은 8개 국가에서 재배되고 있습니다. 1983년 내병다수성 카사바를 농민들에게 보급하여 그들의 식량난을 해결한 덕분으로 저는 나이지리아 요루바족 이키레 읍의 추장으로 추대되어 '세리키 아그베(Seriki Agbe)'라는 칭호를 받았습니다. 세리키 아그베는 현지어로 '농민의 왕'이라는 뜻입니다.

요루바족 사람들은 자신의 얼굴을 칼로 긁어서 상처를 내는 방법으로 서로가 형제자매라는 것을 인식합니다. 이는 현존하는 삶뿐만 아니라 사후에도 형제자매를 알아보기 위한 것이라고 하죠. 저는 그렇게까지 하진 않았지만 사후에까지 형제자매라는 그들의 가족적인 의식이 부럽다고 생각했습니다. 그런데 저도 추장이 되면서 그들과 가족이 된 셈입니다.

카사바 다음은 얌이다

서부 아프리카 사람들의 주식은 카사바만 있는 게 아닙니다. 저는 카사바 개량만 아니라 마의 일종이라 할 수 있는 얌 개량에도 도전했습니다. 얌의 원산지는 세계에 세 군데 있는데 아시아,

아프리카, 중미지역이 그곳입니다. 그중 서부 아프리카에서 얌이 가장 중요한 작물로 널리 재배되고 있습니다. 그러나 카사바와 마찬가지로 얌에 대한 연구는 전무한 상태였습니다. 이미 카사바를 통해 경험을 쌓았지만 저는 얌 연구가 몹시 어려웠습니다. 제일 먼저 착수한 것은 토종 얌을 수집하는 일이었습니다. 토종 얌을 수집하기 위하여 나이지리아뿐만 아니라 서부 아프리카 여러 나라에 다니면서 시장에서 또 농가에 가서 얌을 수집해 왔습니다.

1973년에는 왕복 4,000km의 거리에 있는 카메룬 바멘다와 야운데에 가서 토종 얌을 수집했습니다. 당시 나이지리아는 내란 바로 직후라서 다리와 길이 파괴되어 원래 경로로 갈 수 없어 돌고 돌아서 60km의 정글 길을 통과해야 했습니다. 그렇게 승용차로 운전기사에 의존해서 가는 도중 장거리 복사열 때문에 타고 가던 승용차의 엔진이 과열되어 엔진 물을 갈아 넣었던 기억이 납니다. 기사가 "마스타, 이대로는 갈 수 없습니다. 돌아갑시다." 라고 했지만 저는 "일단 목표를 정하고 나왔으니 엔진이 멈출 때까지 가 봅시다!"라고 우겨서 계속 물을 갈아 넣어가며 간신히 나이지리아 동부 도시 에누구에 도달했습니다. 거기서 하룻밤을 자고 아침 일찍 식사한 다음 샌드위치를 하나 사서 밀림 길을 향해 갔습니다. 가다 보니 또 타고 가던 승용차 엔진에 과열되어 쉬었다 다시 가기를 반복해서 간신히 밀림 길에 도달해 보니 길을 막고 있는 보초소가 나타났습니다.

길이 좁아 오전에는 동쪽에서 서쪽으로, 오후에는 서쪽에서 동쪽으로 일방통행만 가능하다는 것이었습니다. 다행히 오전이라서 60km 밀림 길을 갈 수 있었는데 좁고 습한 길을 통과하면서 수렵하는 세 사람만 겨우 볼 수 있었습니다. 당시는 혹독한 나이지리아 내란이 있었던 후여서 총을 든 강도가 나타날 수 있었습니다. 좁고 습하고 캄캄한 정글 숲속 길을 달려가는데 너무 무서워서 손바닥에 땀이 다 났습니다. 그런데 다행인 것은 승용차가 과열되지 않고 잘 달려 주었다는 겁니다. 정글 속이라서 기온이 낮았기 때문이었습니다. 점심 때가 되어 가져간 샌드위치를 기사에게 주고 저는 굶었습니다. 한참을 달려 무사히 그 긴 정글을 통과했습니다.

정글을 빠져나오니 저녁노을이 지기 시작했습니다. 나이지리아와 카메룬 국경에 있는 나이지리아 이민국에 다다랐습니다. 여기에서 가지고 간 여권을 보여 주고 통과해 가려고 하니 또 검문소를 거쳐야 했습니다. 거기서 소지품 검사를 했는데 나이지리아 돈을 소지하고서는 출국하지 못한다고 해서 나이지리아 돈은 모두 쏟아 주고 여행자 수표만 갖고 떠났습니다. 날이 저물어 컴컴한 흙탕길을 달려갔습니다. 캄캄한 길이라 먼저 지나온 정글을 계속 통과하며 달려가는 것같이 느껴졌습니다. 이렇게 90km를 달려갔습니다. 우리는 카메룬 서부 도시 맘페에 도달했고, 옛날 영국인들이 썼던 숙소를 잡았습니다. 방 열쇠를 받고 저녁 식사를 할 수 있느냐고 물었더니 늦어서 식사는 못 한다고 했습니다. 빵이 있으면 샌드위치와 수프를 만들어 주겠다고 해서 저는 기사에게 상점에 가서 식빵을 사오라고 부탁했습니다.

호텔 방에 들어가 보니 침대에 모기장이 쳐져 있었고 창문은 낡아서 다 허물어진 상태였습니다. 방 의자에 앉아 촛불만 바라보며 빵을 사러 간 기사가 오기를 기다렸습니다. 30분이나 지나서야 기사와 숙소 주방장이 빵을 사서 돌아왔습니다. 저는 화가 나서 기사에게 물었습니다.

"당신 밖에 나가서 식사하고 왔죠?"

"네."

"나는 굶으면서 기다렸는데 자네는 샌드위치를 먹고 왔다고? 식빵을 사다 주고 나서 식사하고 와도 되었을 텐데… 그것 참."

잠시 후에 숙소 주방장이 샌드위치와 수프를 만들어 방에 가져왔습니다. 피곤해서인지 도저히 먹을 수 없어 물리고 그냥 자려고 모기장 속 침대에 누웠는데 허술한 창문으로 박쥐 소리며 별의별 벌레 소리가 들려와서 도저히 잠을 이룰 수 없었습니다. 그래서 자동차에 가서 잠자는 기사를 깨웠습니다.

"자네가 내 방에 들어가서 자요. 내가 이 차에서 잘 테니."

그렇게 차 안에 들어가서 창문을 조금 열고 겨우 잠을 청했고 다음 날 아침에 기상했습니다. 이제 맘페에서 주 목적지인 바멘다라는 고원지로 가야 합니다. 그래서 허름한 은행에 가서 여행자 수표를 카메룬 돈으로 바꾸어 자동차 휘발유를 넣고 떠났습니다. 그날이 토요일이라서 얌 지방종을 많이 수집한 카메룬 농학자 리옹가(Lyonga) 선생님이 퇴근하기 전에 사무실에 가서 만나려 했습니다. 부랴부랴 80km 길을 가다 보니 또 통행 통제소에 다달았습니다. 거기도 길이 좁아서 일방통행만 허락되는 곳입니다. 오전에는 동쪽 바멘다 쪽에서 오게 하고 오후에는 맘페에서 바멘다 쪽으로 가도록 되어 있다고 했습니다. 그렇게 시간을 보내면 만나기로 약속한 리옹가 선생님이 퇴근하기 전에 만날 수 없을 것 같았습니다. 그래서 오전이지만 통행하게 해달라고 직원에게 떼를 쓰고 졸랐습니다. 그랬더니 그 직원이 사고 나면 본인 책임진다는 서약서를 쓰고 가라고 해서 서약서를 쓰고 차를 몰고 좁은 산골 길을 달려갔습니다. 다행히 반대쪽에서 오는 차가 없어 무사히 바멘다에 오전에 도착했습니다. 이곳은 약 1,000m 고원지대여서 매우 선선하고 정경이 참으로 아름다웠습니다. 리옹가 선생님의 사무실에 가서 처음 뵙고 인사했더니 반가이 맞아주었고 자기 집에 저녁식사 초대도 해주어서 배불리 맛있게 먹었습니다.

다음 날 다시 리옹가 선생님의 사무실에 가서 그분이 오랫동안 수집한 얌을 차에 싣고 카메룬 항구도시 두왈라로 갔습니다. 우리가 카메룬 수도 야운데를 향해 떠나려는데 그분이 자기 조수를 대동시켜 좋은 길동무가 되어 주었습니다. 우리는 함께 두왈라를 거쳐 카메룬 수도 야운데에 무사히 갈 수 있었습니다. 두왈라에서 하룻밤 자고 야운데에 가는데 마침 비가 많이 와서 길이 질퍽거렸습니다. 애를 먹고 간신히 수도 야운데에 도착했습니다. 거기서 하룻밤을 지내면서 다음날 농무부에 근무하는 저의 연구소 이사님을 만나 인사했습니다. 그리고 그 지방에서 얌을 채집했고 한국 대사관에 들러 대사님께도 인사드렸습니다.

대사관은 대사님 숙소와 겸한 곳으로 허름한 집 한 채였습니다. 당시 한국은 나이지리아와 국교가 되지 않아 카메룬 대사가 나이지리아도 관장하도록 되었습니다. 하룻밤 더 자고 다음날 온 길을 되짚어 두왈라를 거쳐 높이 4,000m의 카메룬산 중턱에 있는 도시 에코나를 향해 갔습니다. 카메룬산 중턱 1,000m에 있는 호텔에 투숙했는데, 영국 사람들이 매우 좋은 위치에 잘 지은 호텔이었습니다.

카메룬은 영국 식민지였던 서부 카메룬과 프랑스 식민지였던 동부 불어권 식민지를 합하여 카메룬이 되었습니다. 서부 카메룬은 한때 독일 식민지였는데 영국과 독일 전쟁으로 영국이 배상받은 지역입니다. 여기에 간 이유는 그 호텔 근방 이코나에 있는 식물병리 학자가 식물검역도 담당하고 있어 그분께 검역증서를 받아가기 위해서였습니다. 여기서 카메룬 얌의 검역증서를 받아서 그날 바로 떠나 먼저 들렀던 맘페로 갔습니다. 앞서 한밤중에 통과한 길을 되짚어가면서 보니 그 길은 비포장길이었지만 숲이 우거진 곳은 아니었습니다. 다시 지나왔던 나이지리아와 카메룬 국경지에 도달하여 카메룬에서 출국 신고를 하고 나이지리아 이민국에 들러 또 그 일방통행의 깊숙한 정글 길을 통과해야 했습니다. 오후라서 기다리지 않고 곧바로 일방통행 길을 갈 수 있었습니다. 한번 마음 졸이며 통과했던 길이라서 그렇게 무섭지는 않았습니다.

다시 그 정글 길을 빠져나와 동부 나이지리아 대도시 에누구로 가면서 이콤이란 곳에서 자동차에 휘발유가 떨어져 기름을 넣으려는데 나이지리아 돈을 다 털어주고 왔기 때문에 기름값을 치를 수가 없었습니다. 그래서 주유소 사람에게 사정 이야기를 하면서 갖고 있는 현금으로 일본 돈이 있어 그것을 은행에서 찾으라고 했습니다. 만일 찾을 수 없으면 제 명함을 줄 테니 연락 달라고 하고 타협을 봤습니다. 동부 나이지리아 대도시에 들러 먼저 투숙했던 호텔에 머물면서 갖고 다닌 여행자 수표를 나이지리아 돈으로 바꾸어 호텔비 내고 기름도 넣은 후에 다음날 왔던 길을 그대로 달려 당일 이바단 우리 연구소가 있는 곳으로 비교적 무사히 돌아왔습니다. 돌아와 보니 말썽부리던 승용차도 고맙고, 운전하며 나를 데려다준 기사도 고마웠습니다.

그 후 몇 년이 지났습니다. 카메룬에서 저에게 모아둔 얌 지방종을 준 리옹가(Lyonga) 선생님이 저에게 와서 박사논문을 써서 이바단대학교에 제출하고 싶다고 했습니다. 그래서 그분을 제 연구소에 초청해서 제 지도하에 연구하고 박사논문을 작성하도록 도와주었습니다. 그는 2년 후에 이바단대학교에서 박사 학위를 받았습니다. 이후 그는 자신의 나라 카메룬으로 돌아가 카메룬 농업의 중요한 인물이 되었습니다.

이렇게 긴 여행담을 장황하게 늘어놓은 이유가 있습니다. 이 험한 여행을 통하여 여하한 난관에 봉착해도 제가 아프리카에서 일할 수 있을까를 스스로 물어가며 검증하기 위해서였습니다. 그리고 제가 열악한 아프리카에서 어떠한 상황에서 연구생활을 했는지도 알리고 싶었습니다. 이렇게 아프리카의 험한 여행은 여기 카메룬의 여행만이 아니었습니다. 콩고, 우간다, 잠비아, 모잠비크, 탄자니아, 부룬디, 르완다, 시에라리온, 라이베리아, 마다가스카르 등지에서도 그와 비슷한 경험을 했습니다. 이 지역에서 경험한 것을 적으면 책 한 권은 족히 되리라 생각합니다. 이 긴 여행을 통하여 저는 험한 아프리카 생활을 자신 있게 해가면서 연구할 수 있다는 자신감을 갖게 되었습니다.

이후 다시 국제열대농학연구소에서 처음으로 교배를 통한 얌 개량 연구를 시작했습니다. 얌을 교배하여 개량하려면 꽃에 대한 연구가 선행되어야 합니다. 얌의 개화 습성을 알아야 해서 조사해 봤더니 이 얌이라는 녀석들이 자웅이주(雌雄異株) 식물임을 알게 됩니다. 다시 말해서 암놈 얌과 숫놈 얌이 각각 달랐던 겁니다. 암놈의 꽃은 큰 데 비하여 숫놈의 꽃은 매우 작았습니다. 숫놈 얌의 꽃은 너무 작고 꽃을 활짝 열어 개화하지 않아 인공교배가 매우 어려웠던 것이죠. 더 관찰해 보니 작은 숫놈 얌의 꽃을 들랑거리는 매우 작은 곤충이 보였습니다.

'옳거니, 이 곤충을 매개 곤충으로 잘 이용하면 얌 교배를 할 수 있겠구나.'

저는 이런 결론을 내리고 이 얌 매개 곤충을 영국 런던 박물관에 보냈습니다. 박물관에서 동정을 한 결과 그것이 '*Scutellonema bradys*'라고 하는 완전히 새로운 곤충임을 알게 됩니다. 그래서 암놈 얌과 숫놈 얌을 골라 격리 포장을 만들어 그곳에 암놈 얌 한 줄 심고 바로 옆에 숫놈 얌을 한 줄 심었습니다. 들락거리는 매개 곤충이 숫놈 꽃에 들어갔다가 숫놈의 화분을 날라 암놈 얌의 꽃에 수정해 줄 것으로 기대했습니다. 매개 곤충이 숫놈 얌꽃에서 화분을 날라 암놈 얌꽃에 수정해 주지 않으면 종자가 생기지 않을 것으로 보고 몇 달 기다렸습니다.

그렇게 하여 두 달 정도 기다렸다가 암놈에 맺힌 열매를 따서 말린 다음 까서 조사해 보았더니 종자가 맺히더군요. 나머지 문제는 종자가 교배종자인지 또 그 종자가 생명력이 있는 종자인지를 알아야 했습니다. 그래서 종자를 실내에서 발아시키고 포장에 심어 조사한 결과, 발아력이 있고 변이가 있음을 확인했습니다.

이렇게 자연 현상을 이용하여 얌의 교배종자를 다수 얻어 포장에 심고 발아시켜 새 얌을 얻었습니다. 그리고 그것을 포장에서 증식한 다음 계통화하고 계통 간 수량 검정을 시도했습니다.

이렇게 10여 년간 개량 연구를 했지만 재래종보다 월등히 우수한 계통을 발견하지는 못했습니다. 그래서 그 후 집중적으로 우량 얌을 대량 증식해서 농가에 보급하는 연구를 진행했습니다. 이렇게 작은 얌을 씨얌으로 생산했고 그것을 심어서 큰 얌을 수확했습니다. 만약 땅이 사질토면 구덕을 깊게 파서 씨얌을 심고, 점질토면 커다란 두둑을 만들어 두둑 위에 씨얌을 심습니다. 얌이 싹을 틔워서 자라면 2m 정도의 받침대를 세워 얌 덩굴을 올립니다. 얌을 수확하면 그 얌을 나무그늘 밑에서 저장합니다. 저는 개량 씨얌을 만들어 벽 한쪽에 높이 쌓아 올렸습니다. 1정보의 밭에 심으려면 얼마나 많은 씨얌이 필요한지 알리기 위해서였습니다. 매우 많은 양의 씨얌이 필요한 겁니다.

나이지리아는 세계 생산량의 70% 이상을 차지하는 세계 최대의 얌(참마) 생산국입니다. 식량농업기구 보고서에 따르면 1985년 나이지리아는 150만 헥타르에서 1,830만 톤의 얌을 생산했는데, 이는 아프리카 전체 얌 생산량의 73.8%를 차지합니다. 얌은 나이지리아와 서아프리카 식단의 주식 작물입니다. 매일 1인당

약 200kal의 에너지를 공급해 줍니다. 나이지리아의 얌 산지에서 '얌은 음식이고 음식은 얌'이라고 할 정도입니다. 그러나 나이지리아에서 얌의 생산량은 상당히 적으며 현재 사용 수준에서는 증가하는 수요를 충족시킬 수 없습니다. 또한 모임과 종교 행사에서도 중요한 사회적 지위를 가지고 있으며, 매년 생산한 얌을 가지고 나와서 얌 페스티벌을 엽니다. 그리고 가장 크고 좋은 얌을 생산한 사람에게 상도 주는데 얌의 크기와 모양에 따라 평가합니다. 얌은 남자의 작물입니다. 땅을 일궈 심고 관리하고 수확하는데 힘이 많이 필요하고 수익성이 크기 때문입니다.

얌의 종류는 600여 종에 이르는데 경제적으로 가장 중요한 종은 6개 정도입니다. 그중 흰 얌(참마)은 나이지리아에서 가장 흔하고 경제적으로 가장 중요한 종으로 열대 우림, 삼림 사바나, 북부 사바나, 해안 지역에서 자랍니다. 얌은 감자처럼 괴경입니다. 고구마처럼 뿌리가 변한 것이 아니라 감자처럼 줄기가 변한 것입니다. 그래서 영양가도 다른 뿌리작물보다 높습니다. 얌은 부자들의 식량 작물입니다. 가격도 다른 것보다 월등히 높고 전통적으로 매우 중시되는, 다시 말해서 대접받는 작물입니다. 카사바 먹었다고 자랑하는 사람은 없으나 얌을 먹었다고 자랑하는 사람들은 있습니다. 카사바는 가난한 사람들의 주식 작물이고 얌은 고관대작의 작물이기 때문입니다.

서부 아프리카 사람들이 즐겨 먹는 얌은 어떻게 요리할까요? 얌 껍질을 벗겨 솥에 넣고 찐 다음 절구에 넣고 절구대를 올렸다 내렸다 하며 찧습니다. 꼭 우리가 떡 찧듯이 말입니다. 그러면 얌은 꼭 우리가 먹는 떡처럼 됩니다. 찰떡같이 찰지지는 않지만 부드러운 흰떡같이 됩니다. 그렇게 만든 떡을 손으로 조금씩 떼서 손으로 만지작거리면서 우선 손으로 즐긴 후에 그것을 끈적거리는 수프에 적셔 입에 넣은 다음 씹지 않고 그냥 꿀꺽 삼켜버립니다. 입으로 느끼는 것보다 손으로 느끼는 것이 더 중요하다고 합니다(Hand feeling is more important than mouth feeling). 이런 풍습과 전통이 서부 아프리카 전역에서 행해지고 있습니다. 어떻게 어른 아이 할 것 없이 이 지역의 모든 사람들이 그런 식습성을 갖고 널리 전해 내려왔는지는 불가사의입니다. 짐작건대 이 지역에서 오랫동안 순화하여 재배한 얌을 조리해서 먹는 방법에서 유래되지 않았나 생각합니다. 그 식습성이 대대로 내려와서 오늘날까지 널리 이어지고 있는 것입니다. 참으로 신기하고 묘합니다.

얌은 비교적 저장성이 좋은 뿌리작물입니다. 오늘날 이들이 생산한 얌이 미국에도 수출되어 매우 고가로 판매되고, 미국에 이민 간 아프리카 사람들이 즐겨 먹고 있습니다. 그리고 중미와 카리브해 나라에서도 얌을 재배하고 있습니다.

박사님, 저희들의 추장이 되어 주세요

저는 식물유전육종학 연구학자입니다. 아프리카 나이지리아 국제열대농학연구소에서 카사바와 얌을 연구하여 기근 문제를 해결하는 데 도움을 주었습니다. 마땅히 제가 할 일을 했습니다. 그런데 그 일이 저에게 엄청난 역사 하나를 만들어 주었습니다. 정말 한국에 있을 때는 상상도 하지 못한 일이 일어났습니다.

제가 연구하고 개발한 개량한 내병다수성 카사바가 농민들의 손에 들어가서 대대적으로 심어지기 시작하면서 농민들의 식량난도 해소되었습니다. 더불어 그들의 소득도 높아져 갔습니다. 배고픔이 해결되니 조금 여유로워진 겁니다. 아프리카 사람들은 인정이 많습니다. 은혜를 받으면 돌려줄 줄 아는 사람들입니다. 그들은 저에게 너무나 고마워했습니다. 남녀노소 할 것 없이 진심으로 고마움을 표현했습니다. 저에게 달려와 엎드려 절을 하기도 하고, 아이들은 너무 기뻐서 달려와 안길 정도였습니다.

어느 날, 나이지리아의 이키레읍 주민들 몇몇이 저를 찾아왔습니다. 그중에는 연로하신 어르신도 있었습니다. 그들은 저에게 뜻밖의 제안을 했습니다.

"한 박사님, 저희들이 이키레읍의 오바(왕)에게 말씀드려 박사님을 추장으로 추대하고자 합니다."

마을 사람들은 그들의 전통적인 왕 오바에게 추대하여 저를 추장 세리키 아그베(나이지리아 요르바족 말로 '농민의 왕'이라는 뜻입니다)로 삼겠다고 제의한 겁니다. 너무 난감했습니다. 추장이 되면 제 연구에도 집중하지 못하고 여러 의무가 뒤따를 것이라고 생각했기 때문입니다. 그러나 역시 그들은 그저 배고픔을 해결한 엄청난 일에 대한 보답을 주고 싶었던 겁니다. 그래서 제 부담을 덜어줄 이야기를 자세히 하면서 추장 자리를 맡아 달라고 정중하게 부탁했습니다. 저는 그들의 친절한 설명과 약속을 받고 추장 자리를 받아들였습니다. 그렇게 한국인으로는 최초로 아프리카 추장이 되었습니다.

이키레읍은 연구소에서 50km 떨어진 지역에 위치한 매우 큰 도시입니다. 여기 오바는 상당한 권위와 실권이 있습니다. 우선 지역민들을 전통적으로 통솔하여 생명과 재산을 지켜 주는 일을 합니다. 오바는 국가에서 경비 인력을 지원해 줍니다. 아프리카 추장은 그 지역 사람만이 아니라 산천초목도 다스린다니 막강한 권한과 의무가 주어집니다. 저는 추장으로 추대되었다는 사실을 연구소 행정국장에게 가장 먼저 알렸습니다. 그는 크게 반가워하면서 진심으로 축하해 주었습니다. 그리고 고맙게도 추장 대관식 때 하객들을 대접하는 음식을 연구소에서 마련해 주기로 했습니다. 1983년 추장 대관식이 거행되었습니다. 300명의 하객들이 와서 축하해 주는 아주 뜨거운 자리였습니다. 제가 과연 이런 대접을 받아도 좋을지 믿어지지 않을 정도로 귀한 대접을 받았습니다.

주 나이지리아 한국대사님도 참석해 주셨고, 한국 교민들도 많이 와서 축하해 주었습니다. 그리고 이키레읍 여러 추장들과 가족 그리고 읍민들도 함께 축하해 주었습니다. 오바가 '이꼬꼬 나뭇가지'를 머리에 꽂아 주는 예절이 추장 대관식의 클라이맥스입니다. 이꼬꼬 나무는 혹독한 가뭄도 이겨내며 생존하는 강인한 나무라고 합니다. 이 예절이 끝나자 악관들이 북 치고 장구를 치니 어여쁜 여인들이 나와서 열렬히 춤을 추고 축하해 주었습니다. 이때 여인을 택하면 부인으로 삼게 해주기도 한답니다. 관례가 그렇다는 겁니다. 대관식에는 제 아내도 추장의 귀부인 '이야

아핀'으로 참석하여 함께 축하를 받았습니다.

저를 추장으로 추대한 의미가 무엇일까요? 이키레읍 농민들이 직접 내병다수성 카사바를 심어 보고 고마워서 그 품종을 만들어 낸 농학자가 누구인지 찾아냈고, 그 농민들이 고장에서 가장 영예로운 추장으로 저를 추대해 준 것입니다. 모든 마을 사람의 마음을 담은 일이니 얼마나 의미가 크겠습니까? 제가 추대받은 추장 자리는 명예 추장이 아니라 진짜 추장 자리입니다. 저에게 상상도 하지 못한 일이 생긴 겁니다.

저는 서울대 교수직을 휴직하고 나이지리아에 올 때 우리 국가에 약속한 '가난하고 굶주리는 아프리카 사람들의 식량난 해소와 국위선양'을 달성할 것이라고 다짐했습니다. 결국 그 다짐이 이렇게 이루어진 겁니다. 그 꿈을 이루는 데는 약 10년이라는 시간이 걸렸습니다.

아프리카에서 한국인이 최초로 추장이 되었다는 사실은 충분히 의미 있는 일이었습니다. 그래서 1980년대 한국의 여러 신문, 잡지에는 저에 관한 기사가 대서특필되었고 TV 방송에도 보도되었습니다. 어느 날 갑자기 유명 인사가 된 겁니다. 1980년대 당시 국민학교 '생활의 길잡이' 3학년 2학기 교과서에 실렸고, 2010년대에 6학년 1학기 교과서 '국어 읽기'에도 제 이야기가 실렸습니다. 그리고 제 이야기가 담긴 그림책 《까만 나라 노란 추장》은 2001년에 출간되어 지금까지 꾸준히 사랑받고 있습니다.

나이지리아 사람의 주식은 카사바 가리

예부터 우리나라 사람은 밥을 못 먹으면 끼니를 못 챙겼다고 느끼고 기운을 쓰지 못했습니다. 그래서 밥심이라는 말도 나왔을 겁니다. 나이지리아 사람들에게 한국의 밥과 같은 것이 바로 카사바로 만든 가리(gari)입니다. 나이지리아 사람들은 이걸 먹지 않으면 한국 사람들처럼 밥을 먹은 것 같지 않다고 말합니다. 맛있는 다른 음식을 많이 먹어도 꼭 가리를 먹어야만 배가 든든하고 포만감이 생겨 뭘 먹은 기분이 난다는 겁니다.

저 역시 쌀밥을 먹지 않으면 밥 먹은 기분이 안 납니다. 그래서 나이지리아에서 살 때도 꼭 쌀을 구해서 밥을 해 먹었습니다. 구하기 힘들었지만 그렇게 안 하면 밥 먹은 기분이 안 났기 때문입니다. 밥의 정의는 쌀이나 보리 등으로 만든 것을 의미합니다. 그러나 더 넓은 의미로는 먹는 음식 전체를 밥이라고 할 수 있습니다. 요즘 젊은이들은 빵이며 국수 등을 더 선호해서 쌀 수요가 점점 떨어지고 있습니다. 빵과 국수는 밀로 만듭니다. 밀은 우리나라에서 잘 생산되지 않는 작물이라 수입에 의존할 수밖에 없습니다.

아프리카 사람들 중에서 특히 프랑스 영토였던 지역과 동부 아프리카 사람들은 빵을 많이 좋아합니다. 그런데 아프리카 땅에는 밀이 생산되지 않아 우리나라처럼 수입에 의존해야 합니다. 자기 땅에서 나는 작물을 먹지 않고 매일 먹어야 할 밥을 수입에 의존한다면 아프리카 사람들처럼 식량난에 빠질 수 있습니다. 먹을 것을 남에게 의존하면 식량난에 빠지는 것은 명약관화한 일입니다. 먹을 게 많은 세상이라고 안심해서는 안 됩니다. 벼는 우리나라 사정에 꼭 알맞은 작물입니다. 환경문제로 보나 식량문제로 보나 사회적 문제로 보나 매우 중요한 작물입니다. 벼를 잘 대접해야 우리의 미래가 보장됩니다. 벼를 푸대접하다 큰코다칠 수 있습니다.

아프리카에도 아프리카 특유의 벼가 생산되고 동양벼도 생산되어 나옵니다. 그러나 물이 있는 곳이어야 합니다. 그곳이 나이저강 삼각주로 거기서 재배된 아프리카 벼는 낟알이 길쭉하고 점성이 없습니다. 아프리카 사람들의 주식 카사바는 우리나라의 감자, 고구마와 비슷한 덩이줄기 작물입니다. 우리나라에는 카사바칩으로 수입되고 있는데 맛도 생김새도 감자칩 과자와 비슷하다고 보시면 됩니다. 버블티에 들어가는 타피오카가 바로 카사바 전분입니다. 우리나라는 건조한 카사바를 수입하여 소주의 원료로 삼습니다. 나이지리아 사람들은 이 카사바를 가리(gari) 혹은 푸푸(fufu) 형태로 먹습니다.

카사바를 가공하는 방법은 카사바의 원산지인 브라질에서 왔습니다. 카사바 가공품 중에서 '가리(gari)'는 매우 편리한 식품입니다. 'Watang gari make eba'라고 할 만큼 매우 편리하게 만들 수 있는 음식입니다. 이 말은 물과 가리만 있으면 에바(eba)를 만든다는 뜻입니다. 가리를 더운물에 불리기만 하면 곧바로 먹을 수 있는 그런 편리한 음식이 에바입니다. 가리를 만드는 방법은 다음과 같습니다. 카사바 뿌리의 껍질을 벗긴 다음 갈아서 자루에 넣고 3~4일간 발효시키면서 물기를 빼내고 체질해서 가마솥에 볶습니다. 그러면 가루 모양의 가리가 됩니다. 나이지리아 사람들은 이 가리를 더운물에 넣어 에바를 만들어 먹는데 매우 손쉽게 먹을 수 있어서 참 편리한 패스트 푸드(fast food)입니다. 나이지리아의 재래시장에 가면 가리를 바구니에 담아 팝니다. 가리의 종류는 야자유를 첨가하느냐 안 하느냐에 따라 색깔이 달라집니다. 야자유를 넣으면 노란 가리가 됩니다. 이게 흰 가리보다 더 영양가 있고 더 값이 나가지요.

중부 아프리카 사람들은 카사바 뿌리를 시냇물 속에 3~4일간 담갔다가 꺼내서 껍질 벗겨 햇빛에 말립니다. 그러면 카사바 분말이 됩니다. 그 분말을 나뭇잎으로 싸서 솥에 넣고 쪄서 찰떡과 같이 만들어 먹는데 그걸 '푸푸(fufu)'라고 합니다. 아프리카 사람들은 감자, 옥수수, 바나나도 이런 식으로 먹습니다. 우리나라에서도 이태원에 가면 나이지리아인들이 하는 식당에서 이 푸푸를 맛볼 수 있습니다. 푸푸는 아프리카 서민들이 많이 먹는 음식이라 할 수 있습니다.

앞에서 잠깐 버블티에 들어가는 타피오카를 얘기했는데 그건 카사바 뿌리에서 추출한 녹말입니다. 이게 우리나라 소주에도 들어갑니다. 소주는 옛날에 고구마 전분을 발효시켜서 증류해 만들었는데 요즘은 99%가 타피오카를 쓴다고 합니다. 식당에서 파는 감자떡에도 감자보다 타피오카 성분이 더 많다는 얘기도 들었습니다. 그 전에 카사바는 이렇게 많이 알려지지 않았습니다. 그런데 슈퍼 카사바 덕분에 지금은 아프리카의 굶주림도 해결하고 전 세계에 카사바 맛이 퍼져 나가고 있습니다. 카사바가 세계인들의 중요 작물이 된 것이 제게는 참 큰 보람 중 하나입니다.

4

보상의 길

내가 걸어간 길이 누군가의 미래가 되길

잠시 떴다 가버리는 구름
금세 뭉쳤다 흩어지는 구름도
다니는 길이 있다. 가는 길이 있다.

저 아래 엉겅퀴가 있건 말건
사막에 장미가 있건 말건
아랑곳 않는 구름도 가는 길이 있다.

갈증으로 타는 사막
무심히 지나가는 구름도 가는 길이 있다.
언젠가 어디선가
비를 내리지 않고는 안 되는 길이 있다.

아프리카 젊은이들에게 사명감을 가르치기 위해

아프리카 사람들을 가까이서 경험한 제가 여러분에게 하고 싶은 말 중 하나는 절대 아프리카 사람들을 무시하지 말라는 것입니다. 그들이 비록 물질적으로 우리보다 가난하게 살고 있지만 삶의 지혜는 오히려 더 나은 경우가 많습니다. 저는 그들 삶의 지혜, 그들의 전통을 존중합니다. 그러나 그 당시 가난만큼은 그들 스스로 해결할 수 없었기에 제가 조금 도움을 주었을 뿐입니다.

아프리카의 추장이 되었지만 저는 평생 아프리카에 살 수 없었습니다. 그래서 제가 하던 연구를 나이지리아 사람 누군가는 해야 했습니다. 아프리카를 떠나기 전에 제자를 키워 놓고 가는 게 또 하나의 숙제가 되었습니다. 물고기를 잡아 주는 게 아니라 물고기 잡는 방법을 가르치라는 이야기가 있습니다. 저는 아프리카 사람들에게 물고기 잡는 방법을 가르치기 위해 농학연구 환경 개선과 농학인 훈련에 나서기로 했습니다. 그러나 마음만큼 쉽지 않다는 걸 잘 압니다. 그래도 이걸 해놓지 않으면 먼 훗날 제가 마음 편하게 아프리카를 떠날 수 없을 것이라 생각했습니다. 결국 아프리카 사람 누군가는 자기 스스로 해나가야 합니다. 아프리카의 젊은이들이 이 일을 해야 합니다. 친구, 부모, 이웃의 배고픔을 너무 잘 아는 아프리카 젊은이들에게 어떤 사명감을 주고 싶었습니다.

아프리카는 아주 큰 대륙입니다. 큰 대륙에서 저는 내병다수성 카사바 품종 개량과 보급으로 나름 큰 성과를 거두었습니다. 나이지리아뿐만 아니라 아프리카 곳곳에서 배고픔, 가난을 해결한 성과에 대한 칭찬과 감사가 잇따랐습니다. 나이지리아에서는 거의 국민 영웅이 되었죠. 국제열대농학연구소는 나이지리아만이 아니라 전 아프리카, 특히 중부 아프리카 식량문제를 해결하는 연구를 주목적으로 하고 있었습니다. 저는 이제 자신감을 갖고 아프리카 여러 나라의 자국 농업 문제 해결을 위하여 기술지원을 할 수 있도록 재원과 노력을 집중해 나갔습니다.

국제열대농학연구소에서 직접 아프리카 농업 문제를 다 해결할 수는 없다고 생각했습니다. 그래서 아프리카 여러 나라의 자국 연구와 기술 보급 능력을 길러 주어 그들이 자국 농업 문제를 해결해 나가도록 지원하고자 했습니다. 미국에서 박사 학위를 받고 나서 귀국했을 때, 저는 당시 몹시 어려웠던 우리나라 농업 분야에 하나라도 유익한 연구를 하려고 노력했지만 여건상 그 뜻을 제대로 이루지 못해서 매우 안타까웠던 경험이 있습니다. 바로 그 아픔 경험 때문에 아프리카 여러 나라에서 우리 연구소에 와서 훈련받고 귀국한 아프리카 농학인들의 절실한 마음이 보였고 그래서 그들을 지원하는 데 더 힘썼던 겁니다.

지금은 많이 좋아졌지만 당시 아프리카 나라의 농업 연구 여건은 열악하기 짝이 없었습니다. 시설, 자원, 운영방법 그리고 연구원이 절대 부족했습니다. 이런 실정에 놓여 있는 아프리카 나라들의 농학연구소에서 자국의 식량문제를 해결할 수 있도록 어떻게 지원할 수 있을까요? 방법은 두 가지였습니다. 하나는 여러 나라의 농학자를 훈련시켜 보내서 그들이 자국의 농학과 기술 지도를 이끌어 가게 하는 일이고, 다른 하나는 훈련받고 돌아간 아프리카 농학인들이 자국 농업 연구를 직접 잘해 나갈 수 있도록 금전적으로 지원하는 일이었습니다.

먼저 가난한 아프리카 여러 나라에서 농학인들을 연구소에 데려다 훈련시켜 그들이 자국에 돌아가 자국의 농업 연구를 해나갈 수 있는 능력을 갖추도록 지원했습니다. 그리고 훈련을 마치고 돌아간 사람들이 자국 농업문제를 원활히 해결하여 나갈 수 있는 환경을 만들어 주려고 노력했습니다. 그들의 자국 농업연구소는 너무 형편없기 때문에 개발국 원조처로부터 지원을 받는 것이 급선무였습니다.

혹독한 내란에 시달려 식량난에 허덕였던 르완다의 두 제자 조지 은다마제와 조셉 물링다가보는 정규 훈련을 받고 카사바와 고구마 품종을 갖고 고국으로 돌아갔습니다. 얼마 후에 르완다의 시험장에 와달라는 요청이 와서 그들의 농업시험장에 갔습니다. 르완다는 아프리카의 스위스라 불릴 만큼 아름다운 고원의 나라입니다. 조지 은다마제는 르완다의 중앙농업시험장장이 되었고 조셉 물링다가보는 지방농업시험장장이 되어 있었습니다. 이들이 연구소에서 배운 대로 카사바와 고구마 품종을 증식해서 포장에 심고 시험하는 모습을 보고 감탄했습니다. 연구소로 돌아가서는 이들을 도와줘야겠다는 마음이 차올랐습니다. 그래서 미국, 캐나다, 영국, 벨기에, 스웨덴과 세계은행, 세계식량기구, 국제농업개발기금 등에 내란으로 피폐되고 식량부족에 허덕이고 있는 르완다에 외부 지원이 절실히 필요하다고 호소했습니다. 르완다

농업연구원들의 연구 자세가 훌륭하여 성공적인 결과를 기대할 수 있을 것이니 특히 르완다의 주식작물인 '구근작물 연구 프로젝트'를 지원해 달라고 요청했습니다. 얼마 후 캐나다 원조처에서 연락이 왔습니다. '이젠 해결되었다'라는 안도의 한숨을 쉬었습니다. 캐나다 원조처의 부총장이 우리 연구소를 방문했습니다. 협의를 마치고 프로젝트 신청서를 작성하라고 하여 곧바로 작성해서 보냈더니 바로 승낙을 받았습니다. 그리고 그해에 지원금을 받게 되었습니다.

이후 미네소타 대학 출신의 연구원을 채용하여 르완다 농업시험장에 파견했습니다. 다행히도 이 연구원이 원만한 지도력으로 우수한 연구 업적을 내어 르완다 정부도 만족스러워했습니다. 르완다 프로젝트가 성공적으로 진행되다 보니 캐나다 원조청은 말라위에도 르완다 프로젝트 같은 것을 만들자고 제안했습니다. 그래서 저와 우리 연구소는 말라위의 '구근작물 연구 프로젝트'를 만들어 연구원 두 명을 파견했습니다. 연구자금 지원도 따로 받아 말라위 농업연구원과 함께 협동 연구를 진행했습니다.

우간다 캄팔라에서 개최한 제1회 동부 아프리카 구근작물 워크숍 때 '한상기 상'을 제정했고 그때 르완다의 조지 은다마제와 조셉 물링다가보가 첫 수상자가 되었습니다. 참으로 귀한 인재들인데 제가 아프리카를 떠나 미국에 가서 살고 있을 때 슬픈 소식을 들었습니다. 1994년 6월 르완다에 아주 극심한 내란이 있었을 때 두 사람이 가족들과 함께 폭도들에게 몰살당했다는 것이었습니다. 르완다는 너무 아까운 인재를 잃은 겁니다.

식량난에 허덕이는 두 동부 아프리카 나라에서 성공적으로 구근작물 연구가 잘 진행되어 가다 보니 여러 나라의 원조기구에서 우리 연구소의 구근작물 대외지원 프로젝트를 지원해 주겠다고 나서기 시작했습니다. 나름 국가별 연구가 잘 진전되어 가는 상황이었습니다. 그래서 캐나다 원조청에 동부 아프리카 구근작물 네트워크를 설립하자고 제안하여 허락을 받았습니다. 우리는 이 네트워크를 통해 르완다와 말라위의 구근작물 연구 성과를 알리고 그 노하우를 동부 아프리카의 주변국 농업연구소와 공유할 수 있었습니다. 이 연구는 동부 아프리카로만 멈추지 않았습니다. 우리는 서부 아프리카 여러 나라에 구근작물 연구 프로젝트를 만들고자 했습니다. 그래서 영국 개츠비 재단을 설득하여 카메룬 구근작물 연구를 위한 재정지원을 받고 연구원을 파견했습니다.

그동안 잘 지원해 주었던 캐나다 원조청에도 다시 요청하여 가나 구근작물 연구 지원도 받았습니다. 이 프로젝트에는 저와 미시간주립대학교에서 같은 지도 교수 밑에서 학위를 취득했던 나이지리아 구근작물 연구소장을 파견했습니다. 나이지리아에는 세계은행과 국제농업개발기금(IFAD)의 재정 지원을 받아 제가 개량한 내병다수성 카사바 품종의 증식과 보급을 위하여 수백만 불을 받도록 주선하기도 했습니다. 이에 앞서 자국 구근작물 연구 프로젝트를 만든 것은 콩고공화국이었습니다. 카사바는 콩고에서도 중요한 작물이었습니다. 그래서 카사바 바이러스 병과 박테리아 병 그리고 후에 나타난 면충 방제를 위해 미국 원조청에서 수백만 불의 연구비를 지원받았습니다. 그 지원금으로 콩고공화국에 카사바 연구소를 설치하고 콩고공화국 연구원 40명을 국제열대농학연구소에 데려다 같이 연구활동을 하면서 인근의 이바단대학교에서 석사 학위까지 받도록 했습니다. 또 그들 연구원 중 우수한 인재를 미국 대학교와 나이지리아 이바단대학교에 보내 박사 학위를 받도록 주선했습니다.

캐나다 원조청은 아프리카 구근작물 연구의 아주 큰 조력자였습니다. 역시 캐나다 원조청의 재정 도움을 받아 서부 아프리카와 중부 아프리카에 구근작물 네트워크를 만들었습니다. 그리고 여러 나라를 돌아다니면서 워크숍을 개최하고 구근작물 연구원 간에 연구 정보를 나누도록 했습니다. 이런 활동의 기회를 준 국제열대농학연구소, 연구에 매진할 수 있게 재정을 지원해 준 여러 국가와 국제기구에 이 자리를 빌려 깊은 감사를 드립니다.

아프리카를 떠나도 아프리카를 위해 할 일이 있다는 것

겉으로만 보면 제가 아프리카에 복을 주고 가는 것 같지만 사실 제가 받은 복도 참 많습니다. 나이지리아에서 내병다수성 카사바를 개발한 일은 저에게 참 여러 가지 복을 주었습니다. 아프리카 사람들은 저에게 자신들의 배고픔을 해결해 주어서 고마워하지만 저는 저대로 그들 덕분에 여러 번 귀한 상을 받고 명예로운 직책을 맡을 수 있어 감사할 따름입니다.

국제열대구근작물학회(International Society For Tropical Root Crops)는 카사바, 얌, 고구마, 감자, 토란 등 구근작물에 대한 연구와 정보교환을 목적으로 하는 3년마다 개최되는 국제학회입니다. 1991년, 아프리카 사람들의 주요 먹거리로 가장 많이 생산되는 열대 구근작물인 카사바와 얌에 대한 연구결과를 발표하기 위해 제3차 국제열대구근작물학회가 아프리카 가나에서 개최되었습니다. 첫 번째 학회는 토란을 연구하는 구근작물 학자가 주관하여 하와이에서 개최되었고 제2차 학회는 중미의 작은 섬나라에서 미주산 얌을 연구하는 학자가 있는 카리브해 해협에 있는 나라 과달루페에서 개최되었습니다. 그러다가 그동안 푸대접만 받던 아프리카 대륙에서 제3차 국제열대구근작물학회가 개최된 것입니다. 저도 그 학회에 참석했는데 학회 발표가 끝나고 학회의 차기 화장 선거와 제4차 학회개최지 결정을 논의할 때 저의 아프리카 제자들이 저를 차기 회장으로 추천하여 만장일치로 차기 회장으로 선임되었습니다. 제가 회장이 된 것은 국제열대농학연구소에서 진행한 카사바와 얌에 대한 연구의 영향이 컸을 것이라 생각합니다. 1995년도 제4차 학회는 브라질의 카사바 연구소가 있는 바히아에서 개최하고 부회장은 브라질 농업연구원(EMBRAPA)의 총장이 맡았습니다. 이렇게 하여 1995년에 브라질 브라질리아에서 제4차 국제열대구근작물학회가 성황리에 개최되었습니다.

국제열대농학연구소에서 은퇴하고 미국 클리블랜드에서 살고 있었을 때였습니다. 국제식량기구(FAO)에서 고문역을 맡아 서부 아프리카 구근 작물의 생산 현황과 문제점에 대하여 현지 조사를 하고 이를 보고해 달라는 요청이 왔습니다. 그래서 저는 서부 아프리카 가나와 시에라리온에 가서 각각 1주일간 현지답사를 진행했습니다. 현지 구근작물연구소와 정부 기관을 방문했고 가나 수도 아크라에 있는 현지 관공서 직원들을 만나 이야기를 나누고 조사를 진행했습니다. 아울러 그곳에 있는 FAO 서부 아프리카 지부에 가서 구근작물의 생산 현황에 대해 이야기도 들었습니다.

당시 제 일정은 무척 빡빡해서 잠시 아는 사람을 만날 틈이 없을 정도였습니다. 저는 제자이자 동료 직원이었던 존 오투 박사(Dr. John Otoo)가 소장으로 있는 가나 쿠마시의 가나농작물연구소에 들러 가나 구근작물의 생산 현황과 문제점에 대해 연구원들에게서 보고받았습니다. 바쁜 일정 중에도 그나마 제자 부부를 만날 수 있었던 게 너무 기뻤습니다. 저의 다음 방문지는 시에라리온이었습니다. 수도인 프리타운에 가기 위해 시에라리온 공항에서 내려 한참 동안 페리를 기다렸다가 페리를 타고 바다를 건너 수도로 갔습니다. 수도 프리타운에 있는 농림성에도 들러서 저의 방문 목적과 일정을 알려주었습니다. 그리고 그들로부터 시에라리온의 구근작물 생산 현황 등에 대한 귀한 이야기를 들었습니다.

어디서든 제자들을 만나고 그들의 활약을 듣는 일은 보람이고 기쁨입니다. 시에라리온에서는 제 애제자 중 한 사람인 시에라리온 은잘라 농과대학교 학장 다니야 교수(Professor M. T. Dahniya)를 방문할 기회가 생겼습니다. 그는 당시 시에라리온 내란 때문에 대학교가 있는 은잘라에서 나와 수도 프리타운에 정착하여 일하며 살고 있었습니다. 그런데 그에게 감동적인 이야기를 들었습니다. 은잘라 대학교가 있는 도시에 내란이 일어나자 반군들을 피해 수도 프리타운으로 갔다고 합니다. 그런데 값진 가구들은 그냥 내버려두고 제가 개량한 카사바와 고구마 품종만 자동차에 싣고서 수도 프리타운에 갔다는 겁니다. 가져간 품종을 프리타운의 땅에 심어 놓았다고 해서 그곳에도 가보았습니다. 참으로 대단하고 놀라운 일이었습니다. '아프리카에도 이런 사람이 있구나'라고 생각했습니다.

저는 이전에 서부 아프리카 구근 작물 워크숍에서 다니야 교수에게 두 번째 한상기 상을 수여한 적이 있습니다. 그는 제 지도하에 박사 학위 논문을 작성하고 이바단대학교에서 박사 학위를 받은 제자였습니다. 그런 그를 뒤로하고 떠나온 지 얼마 후 저는 참 끔찍한 이야기를 들었습니다. 한밤중에 다니야 교수의 집에 강도들이 나타나 부부 내외가 살해당했다는 겁니다. 청천벽력. 저는 너무 충격을 받아 한동안 멍했습니다. 첫 번째 '한상기 상'을 받은 르완다의 조지 은다마제와 조셉 물링다가보도 몰살당했으니 '한상기 상' 수상자들이 모두 이 세상에서 사라진 겁니다. 너무나 허탈했습니다.

일단 서부 아프리카 가나와 시에라리온의 구근작물 생산현황과 생산 문제점 조사 결과를 국제식량기구 본부에 보고하고 저는 참을 수 없는 슬픔과 무거운 마음을 안고 돌아왔습니다. 저는 세계식량기구 고문의 자격으로 아프리카 곳곳을 방문하고 제자들을 만나는 기쁨을 누렸지만 한편으로 제자 가족의 죽음 앞에 마음이 먹먹해졌습니다. 그러나 아프리카를 위해 제가 할 일이 여전히 있다는 걸 깨닫는 순간 그 아픔 앞에 머물러 있을 수 없었습니다. 다시 마음을 추스르고 제 도움이 필요한 다른 아프리카 지역을 향해 묵묵히 걸어 나갔습니다.

영국과 브라질, 미국에서 받은 귀한 상

1982년, 영국 런던에 있는 기네스 회사에 가서 저를 포함해 5명이 기네스 과학공로상(Guinness Award for Scientific Achievement)을 수상했습니다. 매우 영예로운 상이었습니다. 상장과 상금 1,000달러를 받았습니다. 상장은 연구소 이사 회의실 벽에 걸어 놓았고 상금은 연구소에 기부했습니다.

제가 이 상을 받게 된 것도 역시 카사바 연구 덕분이었습니다.

이처럼 카사바는 저에게 참 많은 복과 상을 줍니다. 어느 날 국제열대농학연구소의 부소장 오키그보 박사(Professor Dr. B. D. Okigbo)가 불러서 연구를 멈추고 사무실로 갔더니, 부소장은 환한 웃음으로 저를 맞이하면서 카사바 연구 결과를 들어 '기네스 과학공로상'에 추천하겠다고 말했습니다. 너무 고맙고 뿌듯한 일이었습니다.

부소장은 나이지리아 사람으로 1958년에 미국 저명한 코넬대학교에서 박사 학위를 받고 나이지리아에 귀국하여 나이지리아 이바단에 있는 농업연구소에서 연구 활동을 했답니다. 그는 나이지리아 동부 지역에 나이지리아 대학교가 설립됨과 동시에 그 대학 농과대학 학장으로 재직했습니다. 이후 나이지리아 내란이 끝나고 제가 국제열대농학연구소의 구근작물 연구 소장보로 일하고 있을 때 그분이 국제열대농학연구소의 부소장으로 오게 되어 인연을 맺었습니다. 부소장은 카사바의 중요성을 가장 잘 이해하는 분이었습니다. 그분과 함께했던 그 시간이 참 좋았습니다. 제가 사람은 참 잘 만나는 것 같습니다. 귀한 분들이 제 옆에서 저를 많이 도와줬습니다.

또 1984년 영국으로부터 한 가지 더 아주 영예로운 상을 받았습니다. 영국 생물학술원[Institute of Biology, 훗날 영국생물학회

(Society of Biology)와 합병)]으로부터 한국인 처음으로 펠로우상을 수상한 겁니다. 국제열대농학연구소 설립에서부터 연구소 이사장과 영국 레딩대학교 학장을 역임하셨으며 옥스퍼드대학교 출신으로 당시 농생물학계의 태두이신 휴 번팅(Heu Bunting) 교수님이 국제열대농학연구소에서 제가 수행한 연구를 오랫동안 지켜보셨던 것 같습니다. 교수님은 다른 생물학자 두 분의 추천서를 받아 저를 영국 생물학술원 펠로우로 추천해 주셨습니다. 영국 생물학술원 멤버만 되어도 매우 영예로운 일인데 곧바로 펠로우로 천거해 주신 겁니다. 영국 생물학술원 멤버는 명함에 'MIBiol'이라 적고 펠로우는 'FIBiol'이라고 적어 넣습니다. 편지를 주고받을 때도 이 존칭을 넣어 교신합니다. 또 멤버에게는 기사 자격을 준다고 합니다. 그럴 정도로 영예스러운 상입니다. 특히 영국인이 아닌 한국인인 저에게 그러한 영예로운 상을 받도록 해주신 것이어서 너무나 감사했습니다.

1989년, 저는 미국 명문대학인 코넬대학교 농업 및 생명공학대학 식물육종 및 생물통계학과 과장의 초대로 코넬대학교에서 세미나를 했습니다. 많은 청중이 와서 제 세미나를 들어 주었습니다. 그때 세미나 주제는 '국제열대농학연구소의 열대 구근작물 연구'였습니다. 세미나 발표 후 코넬대학교에서는 명예박사를 수

여하지 않고 있다면서 감사하게도 제게 코넬대학교 식물육종·생물통계학과 명예교수 자리를 제안해 주셨습니다.

2006년에는 브라질에서 저를 초대했습니다. 브라질리아 대학이 주최하는 카사바 학회 때의 일입니다. 그 자리에서 브라질리아 대학 총장이 개회사를 하고 브라질 환경 장관도 참석하여 자리를 같이했습니다. 카사바 종자는 브라질이 원산지입니다. 브라질 환경 장관은 제게 자기 나라의 카사바와 근연종을 이용하여 국제열대농학연구소에서 내병다수성 카사바를 개발하고 농민에 보급하여 환경보전에 크게 이바지한 점을 인정하여 공로상을 주었습니다.

저는 대한민국 대통령으로부터 상을 받는 영예도 누렸습니다. 1982년 8월 17일 아프리카 케냐의 수도 나이로비 조모 케냐타 국제공항, 전두환 전 대통령 부부가 트랩을 내려와 아프리카 땅에 첫발을 내디뎠습니다. 공항에 마중 나와 있던 케냐의 모이 대통령은 두 팔을 벌려 전 대통령을 환영했습니다. 아프리카의 8월은 우기이지만 매우 무더운 계절입니다. 케냐의 수도 나이로비는 1,000m 정도의 고지에 있어 사계절 선선합니다. 그래서 바람은 선선하고 햇볕은 따뜻했습니다. 경호원들의 눈빛은 날카롭게 빛났지만 어느 곳에서도 위협을 감지할 수는 없었습니다.

당시 전두환 전 대통령은 아프리카에 관심을 갖고 4개국 순방을 진행했습니다. 케냐를 거쳐 나이지리아, 가봉, 세네갈을 차례로 방문했습니다. 나이지리아를 순방했을 때 대통령은 아프리카에서 활동한 네 사람에게 대통령상을 내렸습니다. 그중에 영광스럽게 제가 포함되었습니다. 저는 국제열대농학연구소에서 내병다수성 카사바를 개발하여 나이지리아 농업과 식량 안전에 기여했다는 점을 인정받아, 임동원 한국 대사님의 추천으로 전두환 전 대통령으로부터 표창장을 받았습니다.

'농업기술 명예의 전당' 헌액식

"안녕하세요, 한 박사님. 농촌진흥청 '농업기술 명예의 전당'에 한 박사님께서 헌액되셨습니다. 축하드립니다!"

한 통의 전화를 받았습니다. 정말 믿기지 않는 일이 일어났습니다. 제가 그렇게 존경하는 우장춘 박사님과 같은 줄에 선다는 게 도저히 상상이 되지 않았습니다. 그런데 카사바가 이런 엄청난 보상을 해주었습니다. 저는 그저 병들지 않는 카사바를 연구해서 아프리카 특히 나이지리아 사람들의 배고픔을 벗어나게 해 주었을 뿐인데 그 일이 이렇게 큰 보상으로 이어질 줄 전혀 생각하지 못했습니다.

'농업기술 명예의 전당'은 농업발전과 농업인의 복지 향상, 농촌 자원의 효율적 활용에 공헌한 헌액자를 예우하고 지원함으로써 헌액자의 명예와 긍지를 높이기 위해 2015년부터 운영되었습니다. 기존 헌액자 중에 제가 존경하는 우장춘 박사님이 계십니다. 우장춘 박사님은 우리나라 원예 산업의 토대를 마련한 중요한 인물이고 김인환 박사님은 통일벼의 개발과 보급, 우리나라 주곡 자급을 실현하는 데 이바지한 인물입니다. 우장춘 박사님은 앞서 소개드린 대로 세계적으로 명성을 떨친 식물유전육종학자신데, 일본에 계시다가 삼고초려로 한국에 모시고 온 이후 한국 원예발전에 크게 기여하셨습니다. 김인환 전 농촌진흥청 청장님은 한국 녹색혁명을 일으킨 공로가 인정되었습니다.

2022년 4월, 전북 전주에 있는 농촌진흥청(청장 박병홍)에서 '농업기술 명예의 전당' 헌액 대상자로 저와 저의 스승 류달영 박사님을 포함해서 4명을 선정해서 헌액식이 개최되었습니다. 이날 헌액식에 생존해 있는 헌액자는 오로지 저 혼자였습니다. 약간 긴장도 되고 설레는 마음도 들었습니다. 제 곁에서 고생하다 간 아내가 옆에 있었으면 어땠을까 하는 아쉬움이 들더군요. 헌액 대상자는 정남규 박사, 류달영 박사, 신용화 박사, 그리고 저 한상기 이렇게 네 명이었습니다.

정남규 박사님은 농촌진흥청 초대 청장으로 재임하는 동안 우리나라 농촌지도 체제를 체계적으로 확립해 농촌진흥사업 발전의 기틀을 마련하신 분입니다. 류달영 박사님은 농촌 운동가이자 교육자로서 제가 존경하는 스승 세 분 중 한 분입니다. 류 박사님은 농업 교육, 농민 권익 신장, 사회개혁 운동에 이바지하며 평생을 농업발전과 교육에 헌신한 공을 인정받아 헌액되셨습니다. 너무나 당연한 일이고 다소 늦은 감이 있다는 생각도 듭니다. 신용화 박사님은 토양학 연구에 헌신한 과학자로서 전국 정밀 토양도 완성, 토양도 설명서 발간 등 우리나라 토양분류 체계의 근간을 마련하신 분입니다. 참 중요한 일을 하신 분이죠. 저는 역시 카사바 품종 개량으로 아프리카 식량난을 해소한 공헌을 인정받아 감사하게도 헌액되었습니다.

내병다수성 카사바는 50여 년이 지난 현재까지도 내병성을 그대로 유지하며 아프리카 사람들의 식량안전에 기여하고 있습니다. 현재 나이지리아만도 500만 정보에 재배되고 있고 이웃 나라인 베냉, 토고, 가나, 카메룬에도 보급되었습니다. 나이지리아가 현재 세계 최대의 카사바 생산국이 된 것도 바로 내병다수성 카사바 덕분입니다. 저도 이 카사바 덕분에 영국 기네스 과학 공로상을 수상했고, 영국 생물학술원 펠로우가 되었으며 미국 작물학회 펠로우가 되었습니다. 그리고 나이지리아 이키레읍에서는 그곳 농민들이 저를 오바(왕)에게 추대하여 농민의 왕이라는 칭호의 추장이 되기도 했습니다. 세계은행에서는 아프리카의 조용한 혁명의 기수라는 과분한 표현도 받았습니다. 그저 학자의 본분에 충실했을 뿐인데 세상을 저에게 큰 선물을 주었습니다. 모두 주위 분들의 추천으로 받게 된 상이라 더욱 감사한 마음입니다.

5

지혜의 길

아프리카의 지혜로 우리의 젊음을 깨우다

남의 재난이 내 것이 아니라고
방관하지 마십시오.
지금은 남의 것이지만
언젠가는 내 것이 될 수 있습니다.
남이 재난을 당할 때
방관하지 않고 협력하여 돕는 건
자신을 함께 지키는 것입니다.
이것이 아프리카 사람들의 사고방식입니다.
그들은 자신의 존망이 자기 자신뿐만 아니라
이웃에게도 달려 있다고 여깁니다.
극도로 이기적이고 개인적인
오늘의 우리 사회에
이러한 아프리카 사람들의 지혜가 아쉽습니다.
제가 아프리카 사람들의 배고픔을
덜어 주는 큰 공헌을 했다고 하지만
저는 아프리카 사람들로부터
삶의 큰 지혜를 얻었습니다.
제가 받은 그 지혜를 이제
우리 후배들과 함께 나누고자 합니다.

아프리카에는 왜 우는 아이들, 싸우는 아이들이 없을까

아프리카 대륙은 우리 인류가 처음으로 두 발을 땅에 디뎌 걷기 시작한 귀한 땅입니다. 먹을 것과 물을 찾아냈고 말을 하기 시작했으며 불을 발견했습니다. 신을 찾고 노래를 부르고 춤을 추기 시작한 곳이 바로 아프리카입니다. 이러한 아프리카의 전통과 풍습은 인류 시원의 원초적인 문화라고 단언할 수 있습니다.

아프리카 문화는 지난 수세기 동안 서구 열강들의 통치를 받으며 어느 정도 변질되어 오늘에 이르고 있습니다. 서구 열강은 그들의 식민지인 아프리카를 열등하게 바라보지만 세계적으로 아프리카만큼 고유의 전통과 문화를 잘 간직해 온 인류는 찾아보기 힘듭니다. 현대인들은 아프리카의 문화와 문명이 시대에 뒤떨어졌다고 착각합니다. 물론 현실적으로 현대 문명에서 많이 뒤처진 것은 사실입니다. 그러나 그것은 현대인의 시각과 기준에 한해서 입니다.

저의 경험으로 아프리카는 매우 높은 수준의 정신과 영적 세계를 소유하고 있습니다. 인간적인 순수함도 매우 높습니다. 현명한 사람들이라 현대인보다 훨씬 더 참된 행복을 알고 있다고 생각합니다. 그들이 추구하는 것은 얄팍한 상업적 재주나 부귀영화가 아닙니다. 정말 지혜롭고 행복한 삶을 추구합니다. 제가 아프리카에서 23년이라는 긴 세월을 보냈지만 그 당시에 우는 아이들을 잘 못 봤습니다. 심지어 우리나라 동네 꼬마들처럼 치고받고 싸우는 아이들도 찾아보기 힘들었습니다. 이것이 그들이 지닌 사회적 감수성과 인성입니다.

사람들은 물질의 충족이 행복을 가져다주는 것으로 착각합니다. 지금 당신의 삶에서 돈이 행복을 충분히 보장해 줄까요? 돈이 있으면 더 갖고 싶은 게 사람 심리 아닐까요? 돈 10억을 가진 사람도 로또를 산다는 얘기를 들었습니다. 정말 욕심은 끝이 없는 듯합니다. 아프리카 사람들은 돈과 물질이 행복을 가져다주지 않는다는 걸 잘 압니다. 그들은 자연의 품에서 신에 의지하며 삽니다. 신과 함께하는 것이 행복이고 신과 함께함으로써 의식주가 해결되고 신을 통해 예절을 배우며 자유와 평화, 부활의 영생을 누릴 수 있다고 일상에서 믿고 삽니다.

참 놀라운 지혜라 생각합니다. 우리는 성당, 교회, 절에 가야만 신을 만납니다. 그곳을 나오면 다시 인간의 욕망 속에서 허덕입니다. 그러나 아프리카 사람들은 늘 신을 만나며 절제의 행복, 함께 나누는 행복을 누립니다. 우리가 서점에 가면 우울함을 달래주고 어떻게 살면 행복한지를 알려주는 책들이 넘칩니다. 그러나 아프리카 사람들은 그런 책을 읽지 않아도 이미 부모로부터 그 지혜를 배우고 삶의 현장에서 실천하며 삽니다. 아프리카를 얕잡아 봐서는 안 됩니다. 그들의 문명과 문화를 괄시하면 안 됩니다. 작물의 고향이 아프리카였듯이 결국 지금 우리의 문명과 문화도 그들로부터 나왔음을 명심해야 합니다. 우리는 겸손해야 합니다. 앞으로 아프리카는 다시 인류를 품을 부모 같은 땅이 될 것입니다.

저는 아프리카 곳곳을 참 많이 돌아다녔습니다. 그런데 그냥 몸이 지치고 힘든 상황만 있었던 것은 아닙니다. 가는 곳마다 아프리카는 제게 세상을 살아갈 지혜를 주었습니다. 현대인으로서, 한국인으로서 제가 얻은 지혜는 지금 2023년을 살아가는 한국의 젊은이에게도 분명 유효하다고 생각합니다. 그래서 곳곳에서 만난 그들의 지혜를 소중하게 전하고자 합니다.

아프리카의 진리는 해가 지지 않는다

제가 동부 아프리카 탄자니아를 여행할 때입니다. 저 멀리 킬리만자로산이 눈앞에 다가왔습니다. 두툼한 목에 보들보들한 명주 목도리를 두른 듯 하얀 구름에 둘러싸인 모습이 너무 아름다웠습니다. 세찬 바람을 맞으며 만년 백설의 모자를 쓴 채 휘날리듯 서 있는 산 옆에는 메루산이 고개를 들고 우뚝 솟아 있었습니다. 괴이하게 생긴 새들이 커다란 날갯짓을 하며 느긋하게 유영하는 하늘의 모습도 장관이었습니다. 그 아래 펼쳐진 풀밭에는 키 작은 고산 아카시아가 듬성듬성 서 있고, 세상일에서 초연한 마사이족이 소 떼를 몰고 가고 있었습니다. 그들은 구멍 뚫린 귓볼에 덜렁거리는 장식을 하고, 어깨에는 기다란 지팡이를 걸쳐 메고 있습니다. 외딴 들판에 피어난 들꽃들은 가끔 소의 발굽에 짓밟히면서도 불평 한마디 없었습니다. 그곳에 정말 진실되지 않은 것이라고는 찾아볼 수 없을 정도입니다.

이번에는 우간다로 갑니다. 우간다 캄팔라에는 세계에서 세 번째로 큰 호수가 있습니다. 그 호수는 나일강의 발원인 빅토리아 호를 끼고 있습니다. 이곳은 나지막한 야산들이 연꽃잎처럼 켜켜이 둘러쳐진 아름다운 도시입니다. 이렇게 단아하고 아름다운 모습 이면에는 20세기 아프리카 최대 폭군 중 한 사람인 '이디 아민'의 무차별 학살의 비극적인 역사가 숨어 있습니다. 이런 도시에서 성인(聖人) 22위가 태어났다는 것은 아이러니라 할 수 있습니다. 저는 어느 날 이 도시의 한 둠방에서 기이한 장면을 목격했습니다. 아프리카 사람들이 신성시하는 선의 새 '스톡'과 마귀처럼 여기는 악의 새 '까마귀'가 함께 물을 쪼아 먹는 모습이었습니다. 모든 것을 수용하는 자연의 모습이 참 경이로웠습니다.

서부 아프리카의 비가 많이 오는 지대에는 팜나무가 많이 자랍니다. 이 나무는 풍부한 기름과 우리의 막걸리 같은 술을 아낌없이 제공합니다. 저는 아프리카에 있을 때 이 팜나무로 둘러싸인 곳에 살며 일했습니다. 어느 날 아침 일찍 일어나 집을 나서는데 팜나무 사이로 붉은 해가 이글거리며 떠오르고 있었습니다. 그 순간 저는 이 세상에 태양과 팜나무 그리고 나라는 존재만 있다는 착각에 빠졌습니다.

케냐의 격언 중에 '진리는 해가 지지 않게'라는 말이 있습니다. 아프리카가 인류의 본고장이라고는 하지만 그 뜻에 담긴 지혜는 참으로 놀랍습니다. 해는 어둠을 밝히는 생명의 실체입니다. 진리도 그렇습니다. 갓 태어난 아기는 진실합니다. 자연 그대로의 상태이기 때문입니다. 그러나 자라면서 세상의 것들에 눈이 멀어 자연스러움을 잃어버립니다. 진실을 놓아버리는데 그 탓은 오로지 인간에게 있는 것입니다.

인간은 대자연에서 태어나 그 속에서 살아갑니다. 변화무쌍한 계절을 보면서 늘 새로운 창조에 감탄하고 일정한 질서에 감동합니다. 자연은 매우 복잡하지만 조화롭고 일관성이 있다는 것도 알게 됩니다. 자연은 누구에게나 생명에 필요한 모든 것을 무상으로 골고루 공명정대하게 나누어 줍니다. 변화하면서도 한결같은 모습을 보여 주는 게 자연입니다. 우리는 이런 자연 속에서 타인들과 더불어 살아갑니다. 자연에서 매우 어긋난 부조리와 모순을 발견하면서 말이죠.

저는 23년간 아프리카 대륙을 두루 여행하면서 광활한 원시의 자연에 매료되었습니다. 울창한 밀림, 웅장한 산과 강, 호수, 갖가지 기이한 동식물과 더불어 자연 체험을 하며 살아가는 사람들을 보며 대자연의 섭리와 신비, 위력에 승복하지 않을 수 없었습니다. 정말 티끌 같고 수준이 낮은 자신을 발견하게 됩니다. 자연 앞에서 우리 인간은 그저 미물에 불과한 것이었습니다. 나이지리아, 가나, 콩고, 카메룬 등등을 돌아다니며 자연의 위대함을 사진으로 담으려 했습니다. 그러나 자연의 위대함과 웅장함은 사진으로 다 담아낼 수 있는 크기가 아닙니다. 그래서 위대한 자연의 모습 앞에서 그저 겸손해질 수밖에 없습니다.

인간이 말하는 진리는 자연이 말하는 진리를 따라갈 수 없습니다. 저는 작물을 연구했지만 자연이 만들어 낸 작물의 신비를 따라잡을 수 없었습니다. 인간이 추구하는 진리는 자연이 보여 주는 진리가 아닙니다. 어제의 진리는 오늘과 다르고 이곳과 저곳의 진리가 다르며 나와 너의 진리 또한 다릅니다. 자연의 품은 어머니의 품처럼 푹신하고 따뜻합니다. 마치 무한의 영원에 잠긴 듯한 착각에 빠지고 무소유의 깃털 같은 가벼움을 줍니다. 넓고 친근한 자연이 속삭이는 진리에 귀 기울일 수 있게 해줍니다. 우리는 그 자연의 은총에 감사해야 합니다.

지프나 버스 뒤에 자기들의 좌우명을 적는 사람들

나이지리아에는 지프나 버스 뒤에 좌우명을 적어 놓은 차들이 많습니다. 나이지리아 서남부 베닌이라는 도시에서 제가 살던 이 바단으로 향하는 길이었습니다. 앞서가는 지프 뒤에 독특한 문구를 발견했습니다.

"빈 자루가 선다는 것은 불가능하다."

이게 무슨 말일까요? 사람이 건달이 되어서는 사람 구실을 하지 못한다는 뜻일 겁니다. 자루는 무엇을 담는 역할을 하기 때문입니다. 빈 자루에 아무것도 채우지 않으면 설 수 없는 것은 당연합니다. 또한 자루가 선다는 것은 살아 있음, 뛰어남, 활동, 역할 등의 뜻도 담겨 있을 겁니다. 이 말은 우리에게 무엇을 의미할까요? 속이 꽉 찬 사람이 되라는 것입니다. 아는 것이 없으면 스스로 설 수 없습니다. 이 세상에서 우뚝 서고자 한다면 하나라도 더 배워서 생각과 지혜를 채워야 합니다. 그러기 위해서는 열심히 배우고 일해야 하는 것을 나이지리아 사람에게 배웠습니다.

콩고 공화국은 비가 많이 내리는 나라로 유명합니다. 세계에서 물을 가장 많이 흘려보내는 콩고강(자이르강)을 끼고 있는 나라입니다. 그런데 그 나라에 건기가 들면 땅은 그 무엇으로도 되돌릴 수 없을 것처럼 단단하게 굳어 버립니다. 그러다가 우기에 접어들어 비가 내리고 또 내리면 대지가 촉촉하게 젖고 굳은 땅은 원래의 부드러움을 찾아갑니다. 이런 자연 현상에서 콩고 사람들은 지혜를 얻고 이런 말을 합니다.

"아무리 단단한 땅이라도 비가 내리고 또 내리면 부드러워진다."

사람의 마음도 이와 같지 않을까요? 아무리 마음이 차갑고 괴

팍해진 사람도 사랑의 단비를 지속적으로 내려주면 원래의 따스함을 되찾게 되는 것이죠.

제가 몸담았던 연구소에서 함께 일했던 훈련생 하나는 술을 너무 많이 먹어 알코올중독자가 되었습니다. 술만 마시면 난폭해지고 방탕한 생활을 했습니다. 어느 날 그가 인사불성이 되자 부인이 남편의 머릿속에 무엇이 들어 있는지 알고 싶었나 봅니다. 그래서 농기구의 일종인 카틀러로 남편의 머리를 쳤습니다. 그러나 당연하게도 아무것도 발견하지 못했습니다. 그래서 나온 격언이 이것입니다.

"머릿속에 무엇이 들어 있는지 알아보기 위해, 머리를 포포 열매처럼 잘라 열어 볼 수는 없다."

이 말은 가나 아칸족의 격언입니다. 포포 열매는 열대 식물로 일명 파파야라고 합니다. 반으로 잘라 놓으면 그 안에 포포 열매 씨앗이 가득 들어 있습니다.

아프리카 사람들은 숲을 개간할 때 나무를 베어 냅니다. 이때 희귀종이나 목재로 유용하게 쓰일 만한 것을 법으로 보호해 벌목하지 않고 남겨 둡니다. 그런데 이렇게 법으로 보호받은 나무가 좋을 것 같지만 실상은 그렇지 못합니다. 이 나무는 밭에 남아 홀로 태풍을 맞고 질병이나 해충의 피해도 고스란히 혼자 받으며 힘겹게 생존해야 합니다. 더욱이 주로 밭은 그런 나무 주변에 있기 때문에 뿌리가 상하기 쉽습니다. 다른 나무들이 함께 있으면 떨어진 잎들이 서로의 거름이 되어 주지만, 혼자서는 아무리 강한 나무도 살아남기가 무척 어렵습니다. 그래서 가나 아칸족은 이런 격언을 만든 것 같습니다.

"아무리 강한 나무도 혼자서는 오래 살지 못한다."

쉬운 말이지만 깊은 울림을 줍니다. 사람도 혼자 남겨지면 생존 자체에 위협을 받습니다.

아프리카 전역에는 다음과 같은 말이 널리 나돕니다. 저도 차에서 혹은 어느 집에서 이런 말을 본 적이 있습니다. "어떠한 조건의 그 무엇도 영원한 것은 없다." 아프리카 사람들은 우주 만물과 모든 일이 항시 변한다고 믿습니다. 그들에게 우주는 머물러 있는 게 아니라 움직이는 것입니다. 케냐 키쿠유족은 "하얀 카마우가 검게 된다."라고 했습니다. 불가능할 것 같지만 그것조차도 우주는, 세상 만물은 변하게 마련이라는 것입니다. 한편으로는 검은 아프리카 사람들이 백인이 될 수 없는 것처럼 본질은 바뀌지 않는다는 것도 그들은 잘 압니다. 그래서 가나 아칸족은 "염소가 양이 된다고 해도 까만 점은 남아 있을 것"이라고 말한 것 같습니다.

땅에 빚지지 마라

1990년 나이지리아의 라고스에서 열린 아프리카 지도자 회의에서, 전 세계은행 총재이자 세계 기아 해방에 앞장서 막중한 사업을 펼쳤던 로버트 맥나마라(Robert McNamara)는 아프리카 격언 하나를 인용하며 사람들에게 감동을 줬습니다.

"땅에 빚지지 마라. 언젠가는 땅이 이자를 요구해 올 것이다. 인간아, 자연을 너무 혹사하여 파괴하지 말아라. 그러면 훗날 자연이 엄청난 빚을 인간에게 요구해 올 것이다."

이 분은 제가 개량한 카사바 신품종에 대해서도 이렇게 언급했습니다.

"카사바는 아프리카 실정에 가장 적합한 작물로, 새로운 기술의 으뜸가는 본보기며 아프리카 사람들이 땅에 빚을 덜 지게 해주는 신기술이다."

인간은 자연으로부터 모든 혜택을 받으면서 바람과 물과 땅을 썩게 만들고 있습니다. 자연을 쓰레기장으로 만드는 족속은 인간뿐입니다. 자연은 우리 인간만을 위해 존재하는 것이 아니라는 사실을 잊지 말아야 합니다.

노자는 자연과 우주를 현빈 또는 식모라고 불렀습니다. 현빈이란 새끼를 낳는 암컷을 말하고 식모는 먹여 주는 어미를 말합니다. "먹여 주는 어머니는 귀하고 소중하다. 떡과 밥을 주고 마실 물을 주고 숨 쉴 바람을 주는 천지여!" 노자는 천지를 만물의 어머니로 표현한 것입니다. 만물은 자연의 품을 벗어날 수 없습니다. 그래서 도는 자연을 따른다고 했습니다. 노자가 무위자연을 언급한 것은 괜한 얘기가 아닙니다. 노자는 인간의 종말을 두려워했습니다. 인간이 스스로 제 목을 조르는 짓을 한다고 보았던 것이죠. 인간이 이룬 문화가 인간 자신이 서게 될 교수대임을 안 것입니다.

장자도 노자와 생각의 결이 비슷했습니다. 그래서 "인간 스스로 제 목을 조르는 끈을 '물질'이라고 불러도 된다."라고 말했습니다. 물질은 자연을 약탈하고 남용하고 탕진하게 합니다. 아프리카의 풍부한 자연 자원은 이미 돈에 눈이 먼 서구 열강에 의해 갈가리 찢겨 나가고 있습니다. 돈에 혈안이 되어 자연을 파헤쳐도 아무런 죄의식을 느끼지 않습니다. 겉으로는 아프리카를 위한다고 하면서 아프리카 자연을 철저히 파괴하고 있습니다. 그들은 어떤 벌을 받을까요?

자연은 우리 세대의 전유물이 아닙니다. 우리가 낳은 후손들은 어찌하란 말인가요. 이렇게 황폐화된 자연을 넘겨주면 부끄럽지 않습니까. 아직까지 전 세계에서 아프리카만큼 자연이 잘 보존된 곳도 드뭅니다. 이건 우리 인류의 자산입니다. 더 파괴되지 않도록 우리가 막아야 합니다. 막지 않으면 우리가 자연에 돌려주어야 할 빚이 너무 엄청나서 계산이 안 섭니다.

작물학자로서 당부합니다. 자연이 파괴되면 작물도 다 죽습니다. 작물이 죽으면 우리 먹거리도 사라집니다. 아침에 맛있는 밥을 먹고 커피를 마시는 그 일상이 꿈으로 사라질 겁니다. 우리 후손들에게 그런 비참함을 넘겨주어서는 안 됩니다. 땅을 함부로 대하지 마십시오. 우리의 생존은 땅이 움켜쥐고 있습니다. 땅에서 나오는 모든 생명력이 우리를 먹여 살립니다. 아무리 좋은 종자가 있어도 땅이 망가지면 아무 소용이 없습니다.

'사사'에서 '자마니'로 가는 시간

아프리카 사람들은 앞에서도 잠깐 언급했듯이 트럭 뒤에 자신들의 생활신조가 될 만한 좋은 글귀들을 써 붙이고 다닙니다. 가나의 수도 아크라에서 옛날 아산티 왕국의 수도 쿠마시로 가는 길에 트럭 뒤에서 "하느님의 시간이 제일 좋은데 왜 걱정을?"이라는 글귀를 발견하고 잠시 몸과 마음이 멈춰졌습니다. 무슨 좋은 뜻 같은데 금방 이해되지 않아 동행하던 제자에게 물어봤습니다.

"저 차에 쓰여 있는 말이 무슨 뜻인가요?"

"저 말은 하느님이 항상 적당한 때를 주시니 아무것도 걱정하지 말라는 이야기예요. 서두를 일도 없거니와 서두르거나 걱정한다고 될 일도 아니라는 뜻이죠."

천시상선(天時上善)이라는 말이 있습니다. 모름지기 하늘의 시간을 따르는 게 최선이라는 말입니다. 만약 여러분들이 아프리카에 오면 항상 트럭 뒤를 유심히 보는 습관을 갖는 게 좋을 것 같습니다. 좀 전의 그 글귀를 보고 다시 다른 트럭의 글귀가 눈에 들어옵니다.

"Who Knows Tomorrow." (누가 내일을 알겠는가)

해가 지고 하루가 저물고 다시 달이 뜹니다. 다시 내일의 태양이 뜨지만 내일 일은 그 누구도 알 수 없습니다. 아프리카에 사는 사람들이나 대한민국에 사는 사람들이나 마찬가지입니다. 제가 아프리카의 식량 작물 연구를 수행하며 아프리카 사람들에게 도움을 줬지만 저는 또 그들에게 아프리카의 남다른 인생 법칙과 지혜를 배우게 됩니다.

아프리카 사람들은 시간관념이 우리와 조금 다른 것 같습니다. 우리는 과거, 현재, 미래로 시간을 간단하게 구분하지만 이들은 이미 일어난 일, 현재 일어나고 있는 일, 곧 일어날 일로 구분합니다. 여기서 곧 일어날 일은 실제로 계획되어 있고 예정된 것을 말합니다. 미래가 아닌 현재라 할 수 있습니다. 아프리카 사람들에게는 미래라는 말 자체가 없습니다. 아직 일어나지 않았고 실현되지 않았기에 시간으로 여기지 않습니다. 우리처럼 과거, 현재, 미래의 3차원적 구분이 아닌 과거와 현재만이 존재하는 2차원적 세계입니다. 그들에게는 시간이라는 개념은 출발과 도착이 정해진 직선적인 것이 아니라 사건이나 현상들에 의해 의미가 주어지는 사건의 집합일 뿐입니다. 해가 뜬다는 것은 분명한 현상이지만 언제 해가 뜨냐는 것은 인식 밖의 일이라는 겁니다. 아프리카 사람들에게는 5시에 해가 뜨든 7시에 해가 뜨든 해가 뜨는 사실만이 중요합니다.

동부 아프리카에서 널리 통용되는 스와힐리어 가운데 '사사sasa'와 '자마니zamani' 라는 말이 있습니다. '사사'는 지금 현재 혹은 예측 가능한 가까운 미래를 나타내는 말로 먼 장래에 일어날 일은 포함하지 않습니다. 사사의 측면에서 보면 모든 사건은 지금 일어나고 있는 일과 예정되어 있어 곧 실현될 일입니다. 반

면에 '자마니'는 아주 먼 미래 혹은 기억할 수 없을 정도로 먼 과거를 말합니다. 사람이 죽어도 그를 기억하는 사람들이 남아 있으면 '사사'에 있고, 그를 기억하는 사람이 다 죽으면 '자마니'에 있는 것입니다. 그래서 가족 중에 단 한 사람이라도 그를 기억하는 자가 있는 한 그는 죽지 않고 계속 살아 있게 된다고 합니다. 저는 아프리카에 살면서 그들의 풍속, 문화, 가치관을 많이 배웠습니다. 그중에서 '사사'와 '자마니'는 참 여러 가지를 생각하게 하는 말입니다.

내가 죽은 다음에는 풀이 자라든 말든 상관없다

에티오피아는 아프리카에서 환경 파괴가 가장 심한 나라 중 하나입니다. 보리의 원산지로 잘 알려져 있지만 새로운 작물을 심는 일을 매우 꺼리며 보수적인 농법만을 고집하는 민족입니다. 에티오피아 사람들은 알맹이가 아주 작고 단위 면적당 수확량이 매우 적은 '테프(teff)'라는 화본과(禾本科) 곡식 작물을 밭에 심어 양식으로 삼고 거기에서 나온 짚을 가축의 먹이로 사용합니다. 고기와 젖을 얻기 위해 동물도 사육합니다. 특히 소와 낙타를 많이 사육하고 식용으로도 쓰는데 소에게 테프를 찧는 탈곡기 역할을 시키기도 합니다. 테프는 에티오피아와 아프리카 북동부 에티오피아의 해발 3,000m 고도에서 자생하는 주요 작물이며, 세계에서 가장 작은 곡물로 알려져 있습니다. 비록 입자가 작긴 하지만 영양소가 풍부하여 슈퍼푸드로 각광받고 있습니다.

가뜩이나 제대로 돌보지 않아 척박한 땅에 동물을 마구 사육하다 보니 환경 파괴는 더욱 극심해졌습니다. 여름에 비가 많이 오면 땅사태가 나고 겨울에 바람이 불면 부식된 표면의 흙을 다 날려보내 지력이 떨어집니다. 이러다 보니 곡식이 잘 될 리가 없습니다. 이처럼 극심한 환경 피해에 시달리는 에티오피아에 이런 말이 전해집니다.

"내가 죽은 다음에는 풀이 자라든 말든 상관없다."

이 말은 금세기 가장 혹독한 굶주림으로 사람 목숨이 동물처럼 죽어 가는 나라의 현실을 그대로 반영하고 있습니다. 참으로 통탄해 마지않을 일입니다.

저는 이 말을 1990년 3월 25일 잠비아 북쪽에 있는 작은 도시 만사에서 처음 들었습니다. 제가 주최한 제3차 동부 아프리카 구근작물 워크숍을 마치고 참석자들과 맥주를 마시며 담소를 나누는 자리였습니다. 참석자 중 에티오피아 사람에게 들었는데 내일을 생각하지 않는 사람들의 그릇된 사고방식이 오늘의 에티오피아를 어떻게 만들었는지 잘 말해 줍니다. 에티오피아 사람들의 그런 이기적인 생각이 정치와 경제를 파탄시키고 비참한 식량 기근을 부른 겁니다. 환경 파괴는 자기 자식들에게 고스란히 그 피해가 전달됩니다. 환경은 나만의 것도 아니고 지금 시대의 것도 아닙니다.

내일을 생각하지 않는다는 것은 다음 세대가 어떻게 되든 상관이 없다는 말입니다. 자기 자식이 굶어 죽든 상관하지 않는다는 것입니다. 자식을 가진 부모가 그런 생각을 한다는 것은 짐승만도 못한 일입니다. 지금 우리가 땀을 흘리는 현재는 내일의 보상으로 다가옵니다. 지금을 아무렇지도 않게 다 써 버리는 사람에게 내일은 없습니다. 전도가 되었든, 탐험이 되었든, 작물 연구가 되었든 나 혼자 잘 먹고 잘살면 그만이라고 생각하는 사람은 그 행위 자체에 어떤 의미도 부여할 수 없습니다. 제가 에티오피아의 말에 충격을 받은 것은 인간의 끝을 보았기 때문입니다. 그런 이기적인 생각이 사람도 죽이고 자연도 죽인다는 걸 생생히 목격했습니다. 오랜 역사와 고유한 문자를 지닌 훌륭한 문명국의 몰락을 보면서 참 씁쓸한 생각이 들었습니다.

네 이웃의 날이 너의 날이다

아프리카에는 참으로 불가사의한 나무가 있습니다. 바로 그 척박하고 삭막한 사막 주변에 당당하게 위용을 갖추고 서 있는 바오바브나무입니다. 대부분 식물은 건조하고 메마른 사막을 싫어하지만 바오바브나무는 좀 다릅니다. 버려진 땅을 찾아 거기에 뿌리를 내리고 세세만년 위용을 뽐내며 살아갑니다. 마치 하늘을 땅으로 삼고, 땅을 하늘로 삼아 "나를 보거라!" 하고 호령하는 것처럼 서 있습니다. 바오바브나무 사이로 붉게 타오르는 석양이 그려내는 오색찬란한 색채를 보면 저절로 탄성이 터져 나올 정도입니다.

바오바브나무는 그냥 서 있는 게 아닙니다. 잎은 채소로, 전분이 듬뿍 담긴 열매는 식량으로, 섬유질이 풍부한 껍질은 옷을 짓고 물건을 묶는 끈으로 쓰이는 등 인간에게 참 많은 혜택을 줍니다. 아낌없이 주는 나무가 바로 이런 나무일 겁니다. 아프리카 사람들은 바오바브나무의 넓은 밑동을 파내어 그 속에서 사람이 살기도 하고 창고로 쓰기도 하고 버스 정거장으로 활용하기도 하며 심지어 죽은 사람의 시체를 보관하는 관으로 사용하기도 합니다. 인간이 살고 죽어서까지 모든 것을 포용하는 나무입니다.

바오바브나무 밑동에는 속이 텅 빈 넓은 공간이 있습니다. 이 밑동 표면을 높이 50cm, 폭 40cm 정도로 도려내 문을 만든 후 시체를 그 속에 집어넣고 문을 봉합니다. 해가 무수히 바뀌며 바오바브나무는 세상을 향해 뻗어 나가고, 봉해 둔 문짝은 서서히 아물며 벌어진 틈새를 좁혀 가다가 완전히 닫힙니다. 아프리카 사람들은 부부 중 한 사람이 죽으면 바오바브나무 관에 묻어 장사를 지냅니다. 그리고 남아 있던 배우자마저 죽으면 바오바브나무 관 속에 합장합니다. 이때 그들이 생전에 지니던 목걸이 등 모든 귀중품을 함께 넣어 줍니다. 이 나무는 제 속에 안장된 인간의 시체를 동물과 모래바람, 뜨거운 햇볕, 사막의 밤추위로부터 보호해 줍니다. 시간이 지나 시체가 썩으면 바오바브나무의 거름이 됩니다. 이 얼마나 오묘한 인간과 자연의 공생관계입니까!

인간은 생전에 바오바브나무로부터 먹을 것과 입을 것 등을 얻어 쓰고 죽은 다음에는 그 속에서 보호를 받습니다. 그런 후에 썩은 시체로 보은하는 겁니다. 그러나 아무리 거대하고 장수하는 바오바브나무일지라도 결국은 늙고 죽는 것은 엄연하고도 지엄한 자연의 이치요 질서입니다. 사후 인간의 안식처인 바오바브나무가 생을 다하면 흰개미 떼가 달려들어 이 거대한 나무를 먹어 치웁니다. 그리고 시간이 지나면 바오바브나무가 있던 자리에는 죽은 자의 해골과 그가 생시에 아끼던 부장품만이 남아 뒹굽니다. 그러다가 거센 바람에 쓸려 광활한 사하라 사막의 모래 속에 묻히거나, 인간이나 동물의 발에 이리저리 차이며 한 줌 모래로 변하는 겁니다. 가나 아칸족의 격언 중에 이런 말이 있습니다. "네 이웃의 날이 너의 날이다." 네 이웃이 죽거든 함께 슬퍼하고 진심으로 위로해 주라고 합니다. 도움을 받은 이웃은 우리가 그들의 도움이 필요할 때 기꺼이 도와줄 것이기 때문입니다. 바오바브나무의 한 생을 보면서 가나 아칸족의 격언이 함께 떠올랐습니다. 척박한 땅에서 거대하게 자란 바오바브나무도 그렇게 인간과 도움을 주고받는데 인간이 그렇게 하지 못할 이유가 무엇이 있겠습니까. 그렇게 도움을 주고받으며 2,500년의 생을 살아내는 바오바브나무는 정녕 아프리카의 신비요 성스러움인 것 같습니다.

6

사색의 길

일상의 짧은 생각으로 나를 돌아보다

나이 90이 되기까지
아프리카에서 그리고 미국에서 또 한국에서
순간순간 보고 듣고 느끼는 것들을
공책에 적어 200여 권이 되었습니다.
제가 페이스북에 올린 일상의 짧은 생각들로
세상에 반응하고 소통합니다.
한평생 농학을 하면서 보고 듣고 느꼈던 생각들을
틈틈이 정리했습니다.
그 생각들을 다시 꺼내 봅니다.
과거의 생각들로 다시 내일을 바라봅니다.

새로운 친구들과 소통할 수 있어 참 좋습니다

저는 사실 매우 내성적인 성격입니다. 하지만 어떤 일을 정하면 다른 것에 현혹되지 않고 오직 그 일에 집중적으로 끝을 볼 때까지 열심히 추구하는 성품을 받고 태어났습니다. 과학을 하는 저에게는 매우 잘 어울리는 성품이라 생각합니다. 그리고 보고 듣고 느낀 것을 수시로 기록하는 버릇도 길렀습니다. 여행하며 걸을 때도 혹은 잠시 휴식할 때도 생각이 떠오르면 곧바로 적어 두었다가 정리했습니다. 기록이 매우 귀중한 밑천이라 생각했기 때문입니다. 지금도 그 기록을 멈추지 않습니다. 꿈을 기록하는 행위는 몇십 년을 계속하고 있고 페이스북에 짧은 생각을 기록으로 남기기도 합니다. 페이스북은 소통의 달콤함도 주어서 나이

90이 넘어도 계속하게 되는 좋은 습관입니다.

옛날 학교 친구들은 하나둘 떠나가서 몇 남지 않았지만 이제 페이스북을 통해 많은 친구들이 생겼습니다. 이 세상 사는 재미와 뜻이 가족과 친지, 친구들에게서 오는 것 아닌가요? 1980년대에 미국 은사님인 그래피우스 박사님이 제게 이런 말씀을 해주셨습니다. "Sang Ki listen! Important are family, friends, and relatives." 그때 뵙고 몇 달 뒤에 작고하셨다는 부고를 받았기에 이것이 은사님의 마지막 말씀이 되었습니다.

저는 요즘 페이스북 친구들에게 많은 것을 배우면서 지식의 공백을 채우고 있어 기쁘기 한량없습니다. 또 각별한 격려와 위로와 도움과 충고를 받으며 살아가고 있으니 그 또한 축복이라 생각합니다. 21세기에는 대면해서 생기는 친구만이 아니라 비대면으로도 친해지는 사람들이 많습니다. 늙어 가면서 대면하지 않고 얻게 되는 젊은 친구들이 더 많아집니다. 이런 젊은 친구분들이 늙어 가는 저를 젊고 생생하게 살아가도록 도와줍니다. 참 고맙기 그지없습니다.

나이 든 사람들은 더더욱 소통하기 힘든 세상인데 그나마 페이스북이 있어 다행입니다. 2010년부터 10년 넘게 페이스북을 했습니다. 페이스북을 통해 알게 된 친구들도 꽤 됩니다. 제가 관심 있는 연구 분야는 물론이고 일상의 모든 것들을 편안하게 이야기 나눌 수 있습니다. 궁금한 것은 '페친'들이 댓글로 친절하게 답해 줍니다. 아내도 제 곁을 떠나고 자식들도 저 멀리 미국에 있습니다. 물론 큰딸이 지금 제가 머무는 수원 근처에 살아서 날마다 와주지만 혼자 있는 시간이 참 많습니다. 대학 제자들과 친구들 그리고 고등학교 친구들을 매달 만나기도 하고 도우미 아주머니가 일주일 두 번 와주지만 나머지 시간은 온전히 저 혼자만의 고독에 빠집니다.

누구는 혼자 있는 시간을 즐기라고 하지만 나이가 들어 보니 그 시간이 참 힘들 때가 있습니다. 그럴 때 페이스북이 저를 구원해 줍니다. 제가 보고 듣고 느낀 것을 '페친'들과 나눕니다. 저는 이웃과 무언가를 나누고 싶은 사람입니다. 그런데 제게는 나눌 수 있는 것이 별로 없습니다. 어떻게 하면 이웃들에게, 친구들에게 도움이 될 만한 것을 나눌 수 있을까요? 결국 제가 나눌 수 있는 것이라고는 그동안 삶에서 보고 듣고 느낀 내용을 기록한 공책일 겁니다. 제 곁에 그 공책이 200여 권 남아 있습니다. 이것이라도 나누려 합니다. 그래서 페이스북을 택했고 다행히 페이스북이 그 염원을 채워 주고 있습니다.

농학도로서 잡초를 바라보는 작은 생각

잡초(雜草), 저는 한국에서 최초로 잡초학을 연구하고 강의도 했습니다. 이때 학생들에게 강조하며 가르친 것이 잡초에 대한 정의와 잡초 방지의 원리였습니다. 잡초란 무엇인가요? 사람들이 원하지 않는 곳에서 나오는 것이 잡초라고 가르쳤습니다. 만약 밀밭에 보리가 나왔다면 그 보리도 잡초입니다. 잡초가 나오기 전에 제거하는 사람이 상농(上農)이고 잡초가 나와 조금 자랐을 때 제거하는 사람이 중농(中農)이고 잡초가 크게 자랐을 때 제거하는 사람이 하농(下農)입니다.

사람 마음의 밭(心田) 속에도 잡초가 있습니다. 마음의 밭에 나는 잡초 방제 원리도 마찬가지입니다. 일상생활에서도 잘못이 나오기 전에 방지하는 사람이 상농이고 잘못이 나와서 조금 자랐을 때 제거하는 사람이 중농이고 잘못이 나와서 크게 자랐을 때 제거하는 사람이 하농인 것입니다. 대학에서 잡초학을 공부한 분들 중에 한국 농학과 농정에 크게 기여한 분들이 많습니다. 그분들도 이런 상농, 중농, 하농의 원리를 잘 알고 실천하셨습니다. 잔디밭에 민들레가 나왔습니다. 민들레꽃은 참 예쁘고 몸에도 좋습니다. 그러나 그 꽃은 잡초입니다.

숙맥불변(菽麥不辨)이란 말이 있습니다. 콩과 밀, 보리를 구별하지 못한다는 말입니다. 이것의 준말이 숙맥(菽麥)입니다. 우리는 이 숙맥을 더 강하게 발음하여 쑥맥이라 합니다. 잡초와 곡식을 구별하지 못하는 이를 가리켜 쓰는 말입니다. 그러므로 선과 악을 구별하지 못하는 이가 바로 쑥맥이란 말이 됩니다. 저는 한국에서 최초로 잡초학을 연구하고 강의했지만 막상 벼 논에 들어가 벼와 피(잡초)를 구별하라면 벼와 피를 잘 구별하지 못합니다. 그래서 저는 쑥맥 중에서도 아주 큰 쑥맥입니다. 잡초와 곡식을 구분하기 시작한 게 선과 악을 구별하기 시작한 것입니다. 아이러니하게 이게 또 인류 문명 발전의 시작입니다. 바로 여기서 인류 지혜가 싹트기 시작한 겁니다.

인류가 선악을 만들어 구별 지어 놓고 인간의 저울로, 인간의 잣대로, 인간의 되로 그 선악의 심판을 받습니다. 인류 자신이 저질러 놓은 잘못으로 인류가 스스로 심판을 받게 된 것입니다. 그래서 인간은 참으로 쑥맥이라고 하는 겁니다. 더욱이 인간은 자신이 선악을 정의해 놓고서도 선악을 구별하지 못하니 더더욱 쑥맥입니다. 가짜 나와 진짜 나를 구별하지 못해서 큰 쑥맥입니다. 옳고 그름을 분간하지 못해서 쑥맥입니다. 위급한 것과 위급하지 않은 것을 분간하지 못하고 중요한 것과 중요하지 않은 것을 분간하지 못하는 저는 쑥맥입니다. 온 데를 모르고 갈 데를 모르는 저는 제대로 된 쑥맥입니다.

저는 길을 가면서도 외롭지 않습니다. 옛날 제가 가까이했던 잡초들이 발밑에 있어 그들이 저를 반갑게 환영해 주는 것같이 느껴지기 때문입니다. 동네 산책길을 걷다 보니 무궁화 꽃나무가 있었습니다. 그런데 그게 큰 나뭇가지에 가려지고 짓눌려 햇빛을 못 받고 있었습니다. 한국의 마 덩굴로 칭칭 감겨 있는 무궁화 나무를 발견한 겁니다. 안 되겠다 생각하여 집에 가서 소매 있는 옷으로 갈아입고 장갑 끼고 전정 가위를 들고 그 애련한 무궁화 나무에 가서 큰 나뭇가지를 쳐내서 마 넝쿨을 잘라냈습니다. 그렇게 해서 무궁화나무에 햇빛이 들게 해주었습니다. 얼마 후에 가 보니 무궁화 나무의 잎이 싱싱하게 자라면서 아름다운 꽃을 피우고 있었습니다. 참 기분이 좋더군요.

저는 식물유전육종학 학자로서 식물들을 관찰하며 많이 배웁니다. 잡초에서도 배우지만 단풍나무에서도 배울 게 있습니다. 단풍나무는 무수한 씨앗을 만들어 땅에 떨굽니다. 그러나 그 많은 씨앗이 다 발아하여 땅에 정착하지 못하고 매우 극소수만이 땅에서 발아하여 자리 잡습니다. 단풍나무는 이렇게 한 해만이 아니고 여러 해 살아가면서 매년 이 세상에서 자신을 복제하여 생명을 지켜 존속하려고 무지 노력하며 존재합니다. 그 모습에 머리가 숙여집니다. 우리 젊은이들은 무엇을 위해 이 세상에 존재하는 걸까요? 더 나은 자신을 만들어 가고, 더 풍요로운 미래를 만들어 가야 합니다. 단풍나무처럼 나보다 더 나은 다음 세대를 만들어 가야 합니다. 그것이 단풍나무가 준 작은 가르침입니다.

식물유전육종학자는 식물을 통해서 배우지만 통계도 관심을 가져야 합니다. 그러나 그 통계가 참 어렵습니다. 적정 표본의 크기(sample size)를 추출해야 하기 때문입니다. 저는 대학에서 신입생을 대상으로 일반통계학을 강의했고 고학년에게는 실험통계학을 가르쳤습니다. 이때 강조한 것은 모집단과 표본에 대한 개념과 원리였습니다. 우리가 알고자 하는 것은 모집단(population)입니다. 그런데 모집단은 무한히 커서 알 길이 없습니다. 그래서 모집단에서 표본(sample)을 추출하여 그것에서 얻은 성적으로 모집단을 추정하는 길밖에 없습니다. 그 성적은 어디까지나 추정치에 불과합니다. 모집단의 실제치가 아닙니다. 따라서 모집단치에 가까운 정보를 얻는 일은 모집단으로부터 표본을 얼마나 여하히 추출하느냐에 달렸습니다. 이때 표본을 무작위로 추출해야 합니다. 이는 조사자의 편견이 개입되지 않게 하기 위해서입니다. 그리고 표본의 크기가 클수록 모집단치에 가까이 추정할 수 있습니다.

그러나 무작정 크게 표본을 추출할 수도 없어서 적정 표본의 크기가 문제가 됩니다.

또 표본은 하나만 가지고서는 안 됩니다. 여러 개 표본을 무작위로 반복하여 추출해야 합니다. 표본 수가 많을수록 모집단치에 가까이 추정할 수 있기 때문입니다. 여기서는 반복이 문제가 됩니다. 그러나 표본을 너무 많이 반복하여 추출할 수도 없습니다. 문제는 어떻게든 편견 없이 인위적으로 모집단치에 가까이 추정할 수 있느냐입니다. 통계에서는 오차를 인정합니다. 집단의 절대치를 추정할 수 없기 때문입니다. 그래서 오차범위가 문제가 되는 것이죠. 현대 통계학은 영국 로담스테드 농업시험장의 피셔 박사에 의하여 발전되었습니다. 그는 농학자가 아니라 수학자였습니다. 저는 농학자로서 이 오차를 줄이고자 했고 이런 제 연구와 생각을 담아서 1960년대에 《과학도를 위한 통계학》이라는 책을 낸 바 있습니다.

1960년대 연탄가스 중독사고 그리고 2022년 낙상사고

지금 이 책을 쓰면서 기억나는 두 가지 사고가 있습니다. 대학 전임강사 시절이었으니 1960년대 가을쯤이었을 겁니다. 대학 관사에서 살고 있었는데 이른 아침에 급한 전갈이 왔습니다. 농학과 학생 둘이 연탄가스 중독으로 위급한 상태라고 했습니다. 농대 뒤 푸른 녹지 너머 자취방에서 농학과 학생 두 명이 방을 얻어 자취하고 있었는데 둘 다 연탄가스 중독으로 전신마비 증상을 보인 것입니다. 근방 자취하는 학생들이 급하게 달려와서 마비된 두 학생을 번갈아 가며 업고 5km 거리에 있는 수원 도립병원에 갔습니다. 저는 그 뒤를 허겁지겁 뒤따라갔습니다.

병원에 도착하기도 전에 한 학생이 숨을 거두었습니다. 그러나 다른 학생은 아직도 심장이 뛰고 있었습니다. 의사가 아직 살아 있는 학생에게 산소 호흡기 처치를 하며 연탄가스 중독 치료를 했습니다. 저는 그 옆에서 회생하기를 기다렸습니다. 오랫동안 별 진전이 없었지만 희망을 품고 계속 기다렸습니다. 오후 4시 경, 학생의 손이 움직였습니다. 정말 감격스러웠습니다. '그가 살아 있다. 살 수 있다.' 한참 지나고 나서 학생이 정상적으로 숨을 쉬기 시작했습니다. 연탄가스 중독에서 살아난 겁니다.

그 학생은 무사히 회복했고 제가 하는 강의에도 출석했습니다. 성당 영세 때 저에게 대부를 서달라고 부탁해 와서 흔쾌히 들어준 기억이 있습니다. 그는 훗날 유능한 일꾼이 되어 한국 발전에 크게 기여했습니다. 당시 앰뷸런스가 있었더라면 아니 좀 일찍 서둘렀더라면, 택시라도 있었더라면 병원으로 가다 사망한 그 학생도 충분히 살릴 수 있었을 겁니다. 너무너무 안타깝고 슬픈 시절 이야기입니다.

이번에는 시간을 훅 건너뛰어 2022년으로 갑니다. 2022년 9월 23일, 제가 쇼핑 카트를 끌고 에스컬레이터를 타고 가다가 옆으로 넘어지고 말았습니다. 넘어진 상태로 에스컬레이터에 끌려 올라간 모양입니다. 사람들이 몰려들었고 장정 몇 명이 간신히 저를 일으켜 주었습니다. 옆에 있던 여자분이 카트에서 떨어진 아이스크림 봉투를 찾아 제게 건네주었습니다. 일주일에 두 번 와서 나를 도와주는 도우미분에게 주려고 산 아이스크림이어서 그 경황에도 그것을 받아 카트에 집어넣느라 저를 들어 일으켜 준 사람에게 인사도 제대로 하지 못했습니다. 물론 감사하다고 말은 했지만 지금 생각해도 참 미안했습니다.

출혈이 심하여 아파트 경비실에 들러 휴지를 달라고 해서 한참 동안 눌러 지혈하고 있었는데, 경비원 한 분이 나와서 제 카트를 끌고 집까지 데려다주었습니다. 그때도 고맙다는 인사를 제대로 하지 못했습니다. 집에 와서 사진을 찍고 페이스북에 제 경황을 짧게 실었습니다. 여러 '페친'님들이 사진을 보고 치료 잘 받고 속히 완쾌하라고 댓글을 주셨고 몇몇 분들이 빨리 병원에 가서 치료를 받으라고 해서 인근 정형외과에 갔습니다.

병원에 갔더니 의사가 제 팔다리를 움직여 보라고 하고는 수술해야 한다며 수술실로 인도했습니다. 다친 팔뚝 부분을 마취하고 15바늘을 꿰매었습니다. 수술하면서 의사가 안심시키는 말을 하기에 저도 이런저런 쓸데없는 말을 했습니다. 다 치료받고 의사 선생님에게 친절히 치료해 주시고 마음 편하게 대해 주셔서 감사하다고 말했습니다. 의사에게 다른 곳은 이상이 없는지 물으니 옛날 기억도 잘하고 잘 움직이는 걸 보니 괜찮은 것 같다고 합니다. 자칫 더 크게 다칠 뻔한 사고였는데 천만다행이라 생각합니다. 저는 그 사고 때 느낀 게 있습니다. 전혀 모르는 사람이 저를 일으켜 세워 주고, 의사는 마치 자기 아버지처럼 친절하게 대해 주었습니다. 그 마음들이 참 고맙습니다. 이 자리를 빌려 그분들께 진심으로 감사의 인사를 드립니다.

나이를 먹으니 몸의 움직임이 예전만 못합니다. 그래도 새벽 4시에 일어나 집 안에서 식사 전에 3,000보를 걷고 오후에는 헬

스장에 가서 자전거도 타면서 운동을 게을리하지 않고 있습니다. 그리고 아침저녁으로 노인복지관에 배운 단전호흡법을 제 체질에 맞는 과정으로 30분간 합니다.

사고를 당하고 보니 새삼 몸의 느낌, 몸의 감각을 생각합니다. 그 느낌이 참 묘합니다. 아침에 식사하면서 무릎 위에 이상한 느낌이 왔습니다. 밥알 하나가 무릎 위에 떨어진 겁니다. 신문을 볼 때 신문지를 손으로 한 장 한 장 넘기며 봅니다. 어떤 때는 손에 이상한 감각이 일어납니다. 두 장이 겹쳐 있기 때문입니다. 이렇듯 매우 작고 엷은 것도 피부에 닿는 느낌으로 감지할 수 있습니다. 동물도 사계절의 변화를 몸의 느낌으로 압니다. 몸의 느낌과 감각이 예전만 못하다 보니 그 소중함이 더 커지는 것 같습니다.

세상 사물을 보면서도 느끼는 것이 많습니다. 이런 느낌이 시가 되고 글이 됩니다. 그림이 되고 노래가 됩니다. 사고 하나를 당하고도 그 전에 느끼지 못한 깨달음을 얻습니다. 몸의 느낌, 생각의 느낌이 소중하게 다가옵니다. 이런 느낌으로 보지도 못하고 듣지도 못한 100년 전의 일을, 1,000년 전의 일을, 만 년 전의 일을, 태초의 일을 짐작하게 됩니다. 예리한 감각을 가진 이는 더욱 절묘하게 느낄 겁니다. 느낌은 어디까지나 느낌이고 실제는 아니지만 그렇다고 무시할 수 없습니다. 사고를 당할 때도 그런 느낌이 있습니다. 그 느낌을 무시하니 사고를 당하는 것이라 생각합니다. 몸이 조심하라는 신호를 보냅니다. 우리는 그 신호를 너무 무시하고 신호에 둔해져 있습니다.

사랑법칙은 자연법칙 위에 있다

나이지리아에서 살고 있을 때였습니다. 어느 날 아침 일찍 일어나 집 앞 정원에 나와 보니 커다란 팜나무 밑에 무엇인가 팔딱거리고 있었습니다. 가까이 가보니 어린 새 한 마리가 날지도 걷지도 못한 채로 날개를 파닥거리고 있었던 겁니다. 그래서 그 어린 새를 데리고 집 안으로 들어와 먹이와 물을 주었더니 아주 잘 받아먹었습니다. 때로는 소고기도 주고, 때로는 밥도 주고, 때로는 지렁이를 잡아다 주었습니다.

어린 새가 어느새 자라 우리 내외가 움직여 가면 우리의 발길을 따라오곤 했습니다. 우리가 냉장고 문을 열면 어느새 그곳으로 오기도 했습니다. 그리고 아침에 일어나 거실에 나오면 우리를 반겨 주고 먹이를 달라는 시늉을 하기도 했습니다. 어느 때는 제 어깨 위에 올라와 앉기도 합니다. 이렇게 어린 새를 약 한 달

정도 길렀더니 이제는 제법 집 안에서 날아 다니고 밖으로 나가고 싶어 했습니다.

그래서 우리 내외는 상의 끝에 새가 많이 자라 이제 혼자서도 밖에서 살아갈 수 있을 것이라는 판단에서 그 새를 우리 집 밖으로 내보내기로 했습니다. 우리는 그 새를 뒤뜰 나무들이 많이 있는 쪽으로 날려 보냈습니다. 그랬더니 좋다는 듯이 훨훨 날아 나무 위에 앉았다가 사라지고 말았습니다. 우리는 애석하고 또 걱정도 되었지만 그 새를 위하여 그렇게 날려 보낸 겁니다. 그게 새를 더 사랑하는 방법이라 생각했습니다. 그 후로 새는 우리 집에 나타나지 않았습니다. 아마 잘 살고 있을 겁니다. 에밀리 디킨슨(Emily Dickinson, 1830~1886)의 시 '내가 만일 한 마음의 파열을 멎게 할 수 있다면(If I Can Stop One Heart From Breaking)'에서 '내가 까무러져 가는 한 마리 물새를 그 보금자리에 다시 돌아가 살게 한다면'이라고 노래한 시인의 마음도 생명을 사랑하는 마음에서 비롯된 것이라는 생각이 듭니다.

자연은 모든 생물을 먹이사슬로 묶어 놓았습니다. 약육강식의 먹이사슬로 생태계가 유지됩니다. 강한 것은 약한 것을 먹으며 자기 생명을 유지합니다. 약한 것은 자기보다 더 약한 것을 먹으며 생명을 유지합니다. 그 생명은 과연 무엇일까요? 그런데 예수 그리스도는 당신의 생명을 버려 자연의 먹이사슬을 끊어버렸습니다. 약한 이들의 생명을 살리려고 그렇게 하셨습니다. 부처님은 약자의 생명을 해하지 말라 하며 자연의 먹이사슬을 거부했습니다. 이것은 자연법칙을 거스르는 역설(paradox)이지만 사랑의 법칙과는 맞아떨어집니다. 그래서 저는 사랑법칙이 자연법칙보다 위라고 생각합니다.

예수 없는 십자가는 십자가가 아닙니다

1975년 성탄절에 우리 내외는 나이지리아 국제열대농학연구소에서 제2대 소장님으로 계셨던 빌 갬블 박사의 사모님에게 '예수 없는 십자가'를 선물로 받았습니다. 매우 고맙고 뜻깊은 선물입니다. 나이지리아에 머물면서 위험한 고비를 많이 넘기곤 했는데 이 십자가를 받은 다음에는 벽에 걸어 놓고 기도했고 1994년 은퇴하여 세 아이들이 있는 미국에 이사 와서 살면서도 에티오피아에서 구한 성모님 그림 위에 그 '예수 없는 십자가'를 걸어 놓고 기도했습니다.

그러다가 2001년에 우리 내외는 이탈리아 아시시에 가서 성프란치스코 성인의 생가(生家) 터에 세워진 성당 바로 앞에 있는 호텔에 투숙하게 되었는데, 며칠 동안 새벽에 일어나 이 성당에 가서 미사 참배할 수 있는 은총의 기회가 있었습니다. 이때 우리는 근방에 있는 성물가게에 들러 놋쇠로 된 자그마한 '예수 있는 십자가'를 하나 구했습니다. 집에 와서 이제껏 바라다보며 기도한 '예수 없는 십자가'에 아시시에서 구한 이 '예수 있는 십자가'를 특수 접착제로 붙여 걸어 놓고 기도하기 시작했습니다. 그때까지 '예수 없는 십자가'를 바라보고 기도하기를 어언 25여 년간 했고 이후 '예수 있는 십자가'를 바라보고 기도하기를 이제 20년간 해왔습니다.

저는 언젠가 '예수 그리스도 없는 십자가'라는 글을 쓴 적이 있습니다. 그러던 어느 날 클리블랜드 한인 성당에 비치되어 있는 '고(高) 마태오' 신부님이 쓰신 《예수 없는 십자가》라는 책이 눈에 띄어 훑어볼 기회가 있었습니다. 그 책을 본 뒤로 우리가 벽에 걸어 놓고 기도한 '예수 없는 십자가'를 '예수 있는 십자가'로 바꾸어야겠다고 생각했습니다. 예수 그리스도상 없는 십자가는 십자가가 아닙니다. 예수 그리스도의 이미지를 떼어 버리고 어떻게 십자가가 의미를 지닐 수 있겠습니까? 그리스도 신앙은 십자가 신앙이라 할 만큼 십자가가 우리 신앙에 차지하는 상징적 의미는 크고도 큽니다. 이 십자가상에서 예수 그리스도께서 매달려 치명하셨고 우리 악독한 인간들을 모두 용서하여 주시어 우리를 구하여 주셨기에 십자가가 그렇게 우리 신앙에 중요한 의미를 지니는 것이 아니겠습니까?

그래서 이 십자가는 우리 인간의 죄의 상징이요, 예수 그리스도의 고난의 상징이요, 예수 그리스도의 사랑의 상징이요, 부활의 상징이요, 구원의 상징이 아닌가요? 십자가의 성 요한은 '그리스도의 십자가를 찾지 않는 이는 그리스도의 영광도 찾지 않는다'라고 했습니다. 그렇습니다. 그리스도의 영광을 찾으려면 '그리스도 있는 십자가'를 찾아야 합니다. '예수 없는 십자가'는 엔진을 뺀 자동차를 타고 목적지를 향해 달리는 격이라고 생각합니다. 그러다가 이렇게 아시시에서 구한 '예수 있는 십자가'를 '예수 없는 십자가'에 부착하여 '예수 있는 십자가'로 바꾸어 벽에 걸어 놓고 기도하게 된 것입니다.

배움은 빛이요 문학은 꿈과 같다

콩고에는 "배움이란 모든 것을 사랑스럽게 만들어 주는 빛입니다."라는 격언이 있습니다. 배움이란 부를 쟁취하고 귀를 노리기 위함이 아니라 만인에게 사랑을 베풀 수 있는 능력을 기르기 위함입니다. 배워서 빛을 얻고 그 빛을 만인에게 골고루 비추어 삶을 보람 있게 만들어야 합니다. 제 은사님 류달영 선생님께서 생전에 자주 해주셨던 말씀이 '호학위공(好學爲公)'입니다. 이 말씀은 배움을 사랑하여 공을 위해야 한다는 뜻입니다.

배움의 목적은 자신의 부귀에 있는 것이 아니라 공의 안녕과 질서, 평화, 그리고 발전을 위하는 데 있어야 합니다. 빛은 어둠을 제거합니다. 그러므로 배움은 빛을 얻어 어둠을 밝음으로 전환하는 것이어야 합니다. 눈이 있으면 무슨 소용이 있나요. 빛이 없으면 아무 소용이 없습니다. 빛이 있음으로 해서 눈이 눈의 역할을 할 수 있고 쓸모가 있고 만물을 볼 수 있는 것입니다. 배움으로 빛을 얻어 진리를 볼 수 있어야 합니다.

배움은 진리를 볼 수 있게 하지만 문학은 꿈을 현실로 만듭니다. 제가 아프리카 생활을 하면서 힘들 때마다 시를 쓴 이유는 꿈속에서 바라던 삶을 현실로 이루고 싶은 이유일 겁니다. 현실에서 이룬 것을 꿈에서도 이룰 수 있지만 꿈에서 이룬 것을 현실에서는 이룰 수 없습니다. 문학에서는 현실을 소설로 만들 수는 있지만 소설을 현실로 만들 수는 없습니다. 고작해야 소설을 연극으로 또 영화로 만들 수 있을 뿐입니다. 그래서 문학은 꿈과 같은 것입니다.

2022년 2월 어느 날, 새벽 5시에 꿈을 꾸었습니다. 배정받은 방에 비밀번호를 입력해서 방문을 열고 들어가 지냈습니다. 꿈에서 깨어나 보니 그런 집은 없었습니다. 그러니 어떻게 그 비밀번호로 방문을 열고 다시 들어갈 수 있을까요? 현실에서는 불가능합니다. 이렇게 꿈과 생시가 가역적일 수 없습니다. 일방통행일 뿐입니다. 꿈을 현실로 되돌릴 수 없듯이 소설을 현실로 되돌릴 수 없습니다. 따라서 이런 근본적인 면에서 문학은 꿈과 같습니다. 그래서 제가 꿈을 계속 기록하는가 봅니다.

저는 과학자이자 농학자로서 아프리카에서 생활했지만 그곳의 자연이 준 감동을 잊지 못합니다. 그 감동이 그대로 시가 되었습니다. 문학은 자기 속의 감정을 끓게 만드는 에너지이고 세상을 조금 더 유연하게 살아갈 힘인 것 같습니다. 이성적으로 생각하면 해결되지 않는 것들이 문학적 감수성으로 바라보면 어떤 실마리가 보이기도 합니다. 현실이 팍팍할수록 문학이 위로가 될 때가 있습니다. 새가 두 날개로 날 듯이 우리도 현실과 꿈, 이성과 감성, 과학과 문학의 두 날개로 날아야 합니다.

7

은퇴의 길

이제 90년의 험한 인생을 정리하며

죽을 때까지 웃으리라.
영문도 모르고 웃으리라.
우죽거리고 웃으리라.
나도 모르고 웃으리라.
가면의 웃옷 입고 웃으리라.
그러면 죽는 그때 가서나
그 웃었던 진짜의 까닭
알고나 죽을 수 있을 것인가.

20년간 미국 생활의 의미

아내는 플라스틱 물동이를 기워 쓰면서 절약 생활을 한 사람입니다. 아이들은 대학을 나오고 모두 결혼하여 가정을 이루었습니다. 부모와 오래 떨어져 살아야 했던 아이들이 무탈하게 잘 자라서 나름대로 가정을 이루고 살고 있는 것이 너무나 대견합니다.

큰딸 아이는 한국에서 결혼하여 가정주부로 살면서 아들 둘을 키웠습니다. 우리가 나이지리아에 갈 당시 큰딸은 당시 중학교 다니고 있어 함께 데려가지 못하고 한국에 남았고, 저의 제자들의 도움을 받아가며 학교에 다녔습니다. 큰딸이 참으로 고생을 많이 했습니다. 큰 사위는 농촌진흥청의 식물병리과장으로 일했고 베트남에 가서 4~5년간 농업연구 지도를 했습니다. 볼리비아에 가서도 무병 씨감자생산 시설을 설립했고 생산기술을 지도했습니다. 아프리카 세네갈, 키르기스스탄, 라오스 등에 농업연구 지원도 했습니다. 큰딸이 홀로 있는 저를 보살펴 주기 위하여 날마다 버스를 갈아타고 와서 도와주고 있습니다. 큰딸은 아들 둘을 두었습니다. 한국에서 사업하고 있는 첫째 외손자에게 아들이 둘 있는데 큰아이는 금년에 대학에 입학했습니다. 둘째 외손자는 미국 오리건에서 한의사로 일하고 있고 슬하에 남매를 두었습니다. 그러니까 저는 두 명의 외손자들에게서 외증손자 셋과 외증손녀 하나를 보았습니다.

저의 큰아들은 오하이오 콜롬버스의 한 제약회사에서 엔지니어로 일하며 아들딸 하나씩을 두고 있습니다. 작은아들은 오하이오 클리블랜드에서 치과 신경 전문의로 일하고 있는데 최근에는 미국 의료봉사단과 함께 필리핀 마닐라 남쪽에 있는 바탕가스에서 환자들을 치료하고 있습니다. 이곳은 2019년에 화산이 폭발하여 많은 피해를 본 아주 열악한 지역이라고 합니다. 작은아들은 딸 하나를 두고 있는데 그 손녀가 현재 클리블랜드의 한 치과대학에 재학 중입니다. 막내딸은 클리블랜드에서 초등학교 미술 선생님으로 일하고 있습니다. 딸 둘을 낳았는데 큰외손녀는 치과대학, 작은외손녀는 의과대학에 다니고 있습니다.

저는 아프리카에서 23년간 일하면서 죽을 고비를 수없이 넘기고 살았습니다. 그렇게 오지에서 아내와 얼굴 맞대고 외롭고 위험하게 살면서 하루도 결근하지 않고 연구소에서 연구하여 원하던 바를 성취했습니다. 열악한 조건에서도 아이들을 교육시켜 그들이 가정을 이루어 살고 있는 것은 온전히 위에서 내리는 은총 덕분이라고 생각합니다. 참으로 감사하고 감사한 일입니다. 그 외로움을 겪어가며 제 뒷바라지를 해준 아내 김정자 필로메나에게 머리 숙여 감사를 올립니다.

1994년 저는 23년간 열정적으로 일했던 국제열대농학연구소를 떠나야 했습니다. 처음 제 결정에 따라 외로운 이역 나이지리아 이바단에 따라가서 무진 고생을 하며 살아야 했던 아내에게 이번에 갈 곳을 정하라고 했습니다. 아내가 원한 곳은 아이들 셋이 살고 있는 미국 클리블랜드였습니다. 그래서 미국 클리블랜드에 가기로 정했습니다.

이삿짐을 싸는데 오지에서 어렵게 살았기 때문에 플라스틱 쇼핑백이 한 짐은 될 정도로 아내가 많이 모은 걸 알았습니다. 그래서 가구 몇 가지는 열심히 일해 주었던 조수들에게 나누어주었습니다. 이때 조수들에게 모두 주고 오지 못한 것이 매우 아쉽습니다. 아내가 오랫동안 정들여 열심히 길렀던 양난들도 다 동료들에게 주었습니다. 제가 모은 책이 너무 많아서 미국에 싸서 보낸 짐 보따리는 책이 대부분이었습니다. 한국에서 나이지리아에 갈 때 가지고 간 짐보다 몇십 배는 더 많아 커다란 컨테이너에 가득 실어 보냈습니다.

미국 클리블랜드에 가서 짐을 풀고 보니 파이어볼(fire ball) 구근 3개가 있었습니다. 나이지리아에 살면서 아내가 양난도 많이 길렀는데 오직 이 파이어볼만 싸갖고 온 겁니다. 왜 그랬을까? 늘 의문이었습니다. 그 후 아내는 치매로 고생하여 한국에 오기로 결정하고 수원에 와서 살았습니다. 한국에 오면서 그 파이어볼을 세 아이들에게 나누어주었습니다. 제 어미가 좋아한 식물을 기르면서 어미 생각을 하라고 했습니다. 봄이 오니 파이어볼이 꽃을 피웠다고 사진을 보내왔습니다. 아내는 혹여나 아이들이 관리하기 힘들까봐 양난처럼 공들여 키우지 않아도 물과 햇빛만 있어도 잘 자라는 파이어볼을 보낸 것이 아닐까 생각했습니다.

아내를 보내고 나서 '페친' 임덕수 님이 올리신 글 동춘당을 읽었습니다. 동춘당(同春堂)은 송준길 선생이 대전에 별당을 짓고 붙인 이름이라고 합니다. 동춘당의 뜻인즉 '만물과 더불어 함께 한다'라는 의미입니다. 저도 파이어볼 이름을 동춘화(同春花)라고 하고 싶었습니다. 봄꽃처럼 불나비처럼 말이죠. 그래서 아내의 호를 동춘당이라 하고 싶습니다. 마치 신사임당처럼 말입니다.

나이지리아를 떠나기 전에 미국 클리블랜드에 집을 하나 마련해 놓았습니다. 열대 나이지리아에서 제일 더울 때 떠나 미국 서북부 클리블랜드에 제일 추울 때 도착했습니다. 그래서 춥고 눈 많이 오는 환경에 적응하는 데 매우 힘들었습니다. 저는 미네소타에 가서도 지냈고 미시간에서도 추운 겨울을 지낸 적이 있어 곧바로 적응했지만 아내는 계속 기침을 심하게 했습니다. 환경 변화만이 아니라 급격한 생활 변화에 더욱 적응하기가 어려웠습니다.

다행히 가까이에 세 아이들이 살고 있어 의지가 되었습니다. 한데 아이들은 자기들 일이 바빠 우리를 돌봐줄 여유가 없어서 우리 스스로 헤쳐나가야 했습니다. 연구소에 살 때는 연구소에서 지원해 준 자동차를 몰고 다닐 수 있었지만 미국에 가서는 우리가 자동차를 마련해서 타고 다녀야 했습니다. 집도 연구소의 중앙 에어컨 시설에서 보내준 냉방 에어컨으로 서늘하게 지낼 수 있었지만 미국에서는 스스로 히터를 넣어 난방해야 했습니다. 경비도 만만치 않았습니다. 눈이 많이 오는 지역이라서 눈이 많이 내리면 눈을 치워야 차를 몰고 쇼핑몰에 갈 수 있었습니다.

이제 또 한 가지 더 해야 할 일이 생겼습니다. 앞마당 뒷마당의 잔디를 깎는 일입니다. 처음에는 조그만 잔디 깎기를 몰고 잔디를 깎았습니다. 정원이 비교적 컸기 때문에 그 일 또한 만만치 않았습니다. 잔디를 깎지 않으면 옆집 사람들이 손가락질을 해서 깎지 않을 수 없었습니다. 연구소에서는 연구소 정원사들이 잔디를 깎아 주었는데 미국에 가서는 제가 직접 매주 한 번씩 잔디를 깎아야 했습니다. 또 잔디에 생긴 잡초도 제거해야 했습니다. 폭풍이 지나간 적이 있었는데 그때 집 주위에 있는 나무들이 흔들거려 아내가 불안해해서 집 가까이에 있는 나무 10여 그루를 베어 내기도 했습니다. 경비가 이만저만 드는 게 아니었습니다.

한국 사람들을 만나 소통하고 신앙생활을 하며 살아가야 해서 클리블랜드 한인 성당에 나갔습니다. 성당 교우들이 모두 친절했던 기억이 납니다. 그래서 주일에 성당에 나가 한인들을 만나는 일이 하나의 즐거움이 되었습니다. 아이들이 자식을 낳자 손녀 하나 외손녀 둘을 돌봐주기도 했습니다. 아이들이 유치원이나 학교에 가서 다른 아이들에게 독감을 옮아와서 우리 또한 독감에 자주 시달리기도 했습니다. 딸과 며느리가 직장에 갔다 와서 저녁에 아이들을 데리고 갔습니다.

아이들을 돌봐주는 일은 기쁘기도 하지만 매우 힘들었습니다. 손녀들을 매일 왕복 20km 되는 유치원과 초등학교에 데려다주고 하교 시간에 맞춰 데려와야 했습니다. 이렇게 하며 미국 생활을 어언 20년간 했습니다. 이 기간이 저에게는 어떤 의미에서는 매우 착잡하고 암담한 기간이었습니다. 이런 시기를 달래고 의미 있게 보내기 위하여 우리 내외는 새벽에 일어나 집에서 기도하고 집 가까이에 있는 베네딕토 수사신부님들이 운영하는 성당에서 매일 새벽 미사에 참례했습니다.

베네딕토 수도원에 나가면서 베네딕토 수도원장님과 함께 가난한 나라 아이티를 지원하는 일을 했는데, 그때 치과의사인 작은 아들과 함께했습니다. 그렇게 아이티에 두 번, 볼리비아에 5년간 가서 현지 빈민 치료 선교사업을 도와주었습니다. 또 우리 내외는 성당 교우들과 함께 예루살렘, 튀르키예, 그리스, 포르투갈, 스페인, 프랑스 성지 순례와 멕시코 성지 순례에 다녀왔습니다. 무척 마음에 들었던 순례 여행이었습니다. 튀르키예 카파도키아 비탈길에서 아내가 다리를 접질러 고생한 기억도 있지만 정양모 신부님께서 인솔해 주신 튀르키예, 그리스 성지 순례가 특히 좋았던 기억이 납니다. 튀르키예와 그리스 성지 순례를 다녀오니 신약성서가 새롭게 그리고 가깝게 다가왔습니다.

저는 1985년, 중국 정부 초청으로 연구소 소장 등 7명이 중국 북경에서 회의를 마치고 밤 기차를 타고 남경에 도착해 호텔에 투숙한 적이 있습니다. 그때 한 노인이 손가락으로 지서(脂書)를 쓰고 있기에 신기해서 글을 하나 써 달라고 부탁했습니다. 그랬더니 그분이 "뭐라고 써 드릴까요?" 하고 통역을 통하여 묻기에 미리 준비도 하지 않았던 터라 얼떨결에 '心則大本(심즉대본)'이라 써 달라고 했습니다. 이 글을 받아 아프리카에 갖고 가서 거실에 걸어 두고 음미하며 봤습니다. 미국에 가서도 계속 제 거실에 걸어 두며 지켜봤습니다. 보면 볼수록 참으로 좋은 말임을 더욱 절실히 느낍니다. 그러나 그 진짜 뜻은 요연하여 저에게 가까이 다가오지 않다가 대학(大學)에 있는 다음과 같은 글을 접하고 그 글의 본질에 조금 더 가까이 갈 수 있었습니다.

心不在焉	마음에 있지 않으면
視而不見	보아도 보이지 않으며
聽而不聞	들어도 들리지 않으며
食而不知其味	먹어도 그 맛을 알지 못한다

다시 말해서 정심(正心)을 갖지 못하면 눈이 있지만 보아도 보이지 않고 귀가 있지만 들어도 들리지 않고 입이 있지만 먹어도 맛을 모른다는 이야기입니다. 그와 같은 불행한 불구자가 또 어

디에 있겠습니까? 심즉대본(心則大本), 마음이 곧 가장 큰 근본이라는 말입니다. 마음속에 에너지가 저장되어 있어 성취하고 싶은 의욕을 일으키고 과다한 의욕을 억제합니다. 파괴적인 망상을 제어하고 선행과 도덕적인 행위를 하도록 이끌며 악을 멀리하고 퇴출할 수 있게 합니다. 더 사랑하고 더 감사하고 더 하늘에 향할 수 있게 합니다. 심즉대본의 이 깊은 뜻은 제게 와서 좌우명이 되었습니다.

200여 권의 공책에서 시작된 참 많은 책들

나이지리아에서 일하면서 아프리카 여러 나라 여러 지역을 여행했습니다. 그렇게 다니면서 무더운 날씨에 연착 연발되는 비행장에서 비행기를 기다리며 이런저런 생각이 스쳐 갔습니다. 그래서 짤막짤막한 글을 쓰기 시작한 것이 200여 권의 공책으로 남았고, 그 공책을 정리하여 몇 권의 책을 냈습니다. 새벽에 일어나 집에서 기도하며 무아경에 들었을 때 떠오른 내용을 기록한 것으로 《나는 나이고 싶다》라는 책 5권을 출간하기도 했습니다. 이때 미국에서 지낸 삶은 주로 기도하고 묵상하는 신앙적인 생활이었습니다. 이 기간이 제 인생에서 어쩌면 신앙 면에서는 황금기였던 것 같습니다.

《신비의 땅 아프리카》

공책에 기록한 내용을 담은 첫 번째 책 《신비의 땅 아프리카》를 1990년에 출판했습니다. 여름에 연가를 받아 한국에 왔을 때 출판사에서 그 책을 받아 여러 친구들에게 나누어주고 한 권을 은사 성천 류달영 선생님에게 전해 올리고 싶었습니다. 그런데 용기가 없었습니다. 선생님께서는 저명한 한국 수필가이기도 하셔서 제 책을 보시고 "한 군 이것을 책이라고 냈나?" 이렇게 꾸짖으실 것 같아 망설였습니다. 그래서 책을 직접 선생님에게 전해드릴 용기가 없어 동료 제자 선생님에게 갖고 가서 "이 책을 성천 선생님에게 전해주세요."라고 부탁하고 저는 아프리카에 돌아갔습니다.

크리스마스 때가 되었습니다. 성천 선생님에게 연하장이 왔습니다. 열어보니 선생님께서 이렇게 적어 주셨더군요. '보내준 《신비의 땅 아프리카》를 밤을 새워가며 읽었네. 한 군이 단순한 농학자가 아니라 인생을 관조하고 따뜻한 인류애를 깊이 품은 것을 더없이 고마워했네. 나는 한 군의 값진 삶을 더없이 자랑스럽게 생각하고 있네.' 성천 선생님의 이 말씀이 저에게 커다란 의욕을 불러일으켰습니다. 그래서 아프리카에서 생활하며 연구하며 여행하며 보고 듣고 느낀 것을 열의를 갖고 기록했습니다. 미국에서도 기록은 계속되었습니다. 그리고 한국에 와서도 계속 기록하고 있습니다.

《아프리카 아프리카》, 《Africa, 아프리카 사람 아프리카 격언집》

다음에는 신비의 땅 아프리카에 이어 《아프리카 아프리카》라는 책을 냈습니다. 그리고 미국에서 살면서 2010년에 《Africa, 아프리카 사람 아프리카 격언집》을 냈습니다. 아프리카에는 문자가 없어서 아프리카 사람들은 그들의 고유한 철학을 기록으로 남겨 전수한 것이 없습니다. 그러나 그들에게도 원천적인 깊은 철학이 있습니다. 그 철학이 자자손손 구전되어 내려온 아프리카 격언에 담겨 있습니다. 그래서 아프리카 격언을 수천 개 모았고 그중 제가 이해할 수 있는 것을 몇백 개 골라 공을 들여 책으로 펴낸 것입니다.

《아프리카, 광야에서》

아프리카에서 아프리카 사람들 속에서 살면서, 또 아프리카를 두루 여행하면서 번득 스쳐 가는 생각들이 떠올랐고 신앙생활을 하면서 깨닫게 된 내용들이 기도 중에 나타났습니다. 이런 것들을 시적인 모양새로 적기 시작했습니다. 그중에서 골라서 출판사에 보냈는데 그걸 두 권의 작은 시집으로 내주었습니다. 또 한국문인에 시 세 편이 실렸습니다. 저는 그 이전에 시를 써본 적도 없었고 그저 생각나는 내용을 짤막하게 적어 둔 것뿐이었습니다. 이것을 정리하여 하나의 책으로 내고 싶어서 원고를 출판사에 넘겼고 출판사에서 철자법에 따라 글을 손질하고 표현도 조금 손봐서 《아프리카, 광야에서》라는 명상 시집을 냈습니다. 저명한 서평가 정과리 교수님과 김래호 님께서 이 책의 서평을 써 주셨습니다.

《500년간 잊혔던 뿌리와 정신 찾다》

제 선친은 해방 전 교통이 매우 어려웠던 시절 두 사람을 대동해 엽총을 메고 청양에서 백마강을 건너 부여에 간 다음 버스로 논산에 가셨습니다. 논산에서 기차를 타고 대전으로, 대전에서 서울역으로 가서는 다시 버스로 고양군 내유동까지 가서 십 리쯤 걸어 내유동이라는 곳을 찾아갔습니다. 해가 져서 컴컴해질 무렵 갖고 가신 족보와 (방향을 알리는) 쇠를 이용해 사냥하는 척하면서 우리의 청주 한씨 참의공파 파조 참의공 한전(韓磌) 할아버지 산소와 그분 직계 자손 5위 산소를 찾아다녔습니다. 그렇게 다니다 보니 밤중이 되었는데 조그만 돌부리가 눈에 띄어서 캐내어 성냥불로 비춰 보고는 그게 참의공 할아버지 장자의 부인 묘소임을 알게 되었습니다. 그 비석에 이렇게 써 있었습니다. '할머니 산소 뒤에 전라도 병마절도사 병사공 한충인(韓忠仁) 할아버지 산소가 있다.'

이 비석이 선영 발굴의 시금석이 되었습니다. 그 기록으로 전라도 병마절도사를 지낸 한충인 할아버지의 산소 위치를 확인할 수 있었습니다. 족보에 따르면 그곳에서 가까이에 그분의 부친이자 우리 종중의 중시조이신 참의공 한전 할아버지 산소가 있고 그 밑에 할아버지의 부인 산소가 있다고 해서 그곳도 쉽게 찾으셨습니다. 그렇게 하여 우리 선조 할아버지들의 웬만한 산소를 거의 다 찾아냈습니다. 이 사실을 알리고 기록으로 남기기 위하여 2016년에 《500년간 잊혔던 뿌리와 정신 찾다》라는 책을 냈습니다.

《나는 나이고 싶다》

신앙생활을 하며 특히 미국에서 고독한 생활을 할 때, 더욱이 아내가 치매로 고생할 때입니다. 새벽에 일어나 집에서 벽에 걸린 십자가와 성모님 그림을 보며 무릎 꿇고 기도한 다음 집 가까이에 있는 베네딕토 수도원의 수사신부님들이 운영하는 성당에 갔습니다. 15년간 아내와 함께 그곳의 새벽 미사를 참례했습니다. 이때 열심히 기도하던 중에 종종 무아경에 들었습니다. 그때 떠오른 내용을 정리하여 《나는 나이고 싶다》라는 5권의 책을 2018년에 출간했습니다. 이 책을 한국 성서학의 최고 권위자이신 정양모 신부님이 보시고 미사 중에 교우들에게 시편이라고 평하여 주셨습니다. 매우 기쁘고 영광스러운 일입니다.

《작물의 고향》

농학, 특히 작물유전육종학을 하면서 작물의 발상지와 전래 경로를 안다는 것은 매우 중요합니다. 작물 유전자원을 잘 이용할 수 있기 때문입니다. 그리고 작물 발상과 인류 문화, 문명 발상은 함께 했기 때문에 작물의 발상을 안다는 것은 인류 문화와 문명 발상을 알게 되는 것이고, 인류 문화와 문명의 발상을 안다는 것은 작물 발상을 아는 것입니다. 그러므로 작물이 발상한 지역과 전래 경로를 살펴 인류 문명의 발상과 전래를 살펴본다는 것은 참으로 중요한 일입니다.

저는 1960년에 미국 미네소타 대학에 가서 식물육종학을 공부했습니다. 그때 20세기 초 10여 년간 5대주를 두루 다니면서 작물을 조사 연구하여 최초로 작물의 발상지 8대 기원센터를 밝힌 러시아의 저명한 식물유전육종학자인 바빌로프 박사의 책 《The Origin, Variation, Immunity, and Breeding of Cultivated Plants》을 구했습니다. 이 책을 귀국할 때 가져와서 보다가 아프리카에 갈 때도 갖고 가서 참고했습니다. 아프리카에서 미국에 갈 때도 그 책을 갖고 갔고, 오랜 세월이 지나 다시 한국에 귀국할 때 그 많은 책을 다 버렸을 때도 이 책만은 갖고 왔습니다. 바로 《작물의 고향》이라는 책을 내고 싶어서였습니다. 2년간 원고를 집필하면서 바빌로프 박사가 제창한 세계 8대 농작물 기원센터에 서부 아프리카 센터를 추가하여 세계 9대 농작물 기원센터로 정했습니다. 졸렬한 제 원고를 한국방송통신대학교출판문화원에서 정성껏 편집해서 2020년에 《작물의 고향》이라는 이름으로 출판해 주었습니다. 매우 고맙고 자랑스러운 책입니다.

《착한 꿈을 꾸면 착하게 산다》

사람은 누구나 잠자면서 적거나 많거나 꿈을 꿉니다. 오랫동안 저는 밤에 잠들기 전에 침상 옆에 종이와 연필을 놓아두었고, 자다가 깨서 방금 꾼 꿈을 기록했습니다. 이렇게 기록한 600여 개의 꿈을 정리하여 《착한 꿈을 꾸면 착하게 산다》라는 제목으로 2022년에 책을 냈습니다. 이 책에는 꿈과 함께 그 꿈의 배경을 설명하려고 노력했습니다. 그래야 독자들이 그 꿈을 이해할 수 있기 때문입니다. 저는 농학자이지 심리학자는 아닙니다. 제 꿈을 하나의 농학도로서 기록한 것일 뿐입니다. 이 꿈 기록이 훗날 심리학 연구하는 분들에게 유용하게 사용되었으면 하는 작은 바람이 있습니다.

도대체 죽을 고비를 얼마나 넘겼던가

젊었을 때는 특별한 건강 관리 없이도 잘 지냈습니다. 그런데 38살에 아프리카 나이지리아에 있는 국제열대농학연구소에 가서는 저뿐만이 아니라 가족들의 건강을 걱정해야 했습니다. 말라리아 등 여러 토종 병과 스트레스 때문에 날마다 특별히 신경 써 가며 건강을 관리해야 했습니다. 우선 언제나 걸릴 수 있는 위험한 말라리아 병을 예방하기 위해 가족과 함께 매일 예방약을 복용했습니다. 말라리아는 발병 후 24시간 내에 치료하지 못하면 죽을 수도 있어서 특별한 주의가 필요했습니다.

아프리카에는 그 밖에 매우 위험한 병들도 있었습니다. 황열병처럼 공기로 전염되는 병도 있지만 음료수를 통하여 전염되는 병도 많았습니다. 1974년에는 농업시험장을 방문하기 위해 콩고공화국 키쿠윗이라는 곳에서 3박 4일 정도 지냈는데, 다음 해에 아프리카에서 최초로 매우 위험한 바이러스병인 에볼라병이 그곳 키쿠윗에서 발병했습니다. 하마터면 그 위험한 에볼라병에 걸릴 수도 있었습니다.

한번은 잠비아 북쪽에서 여러 아프리카 사람들을 모아서 워크숍을 주체하고 있었을 때였습니다. 워크숍을 끝내고 하라레 공항을 거쳐 케냐 나이로비 공항을 통하여 우간다에 가서 호텔에 묵고 있었습니다. 자다가 두통과 열이 심하게 나서 아프리카 여행할 때 항시 지참하고 다니는 말라리아 치료약을 복용했습니다. 머물고 있었던 호텔은 우간다의 폭군 이디아민이 정보국으로 쓰면서 많은 사람을 살상한 곳이었답니다. 그런 곳에서 고열로 시달리면서 별의 별 생각이 떠올랐습니다.

또 제 막내딸이 영국 런던의 기숙 학교에 처음 갔을 때, 열이 심하게 나서 의사에게 감기 진단을 받아 치료받았는데도 계속 열이 났습니다. 그래서 막내딸이 의사에게 "제가 나이지리아에서 왔습니다. 혹시 말라리아가 아닐까요?"라고 말해서 의사가 말라리아로 치료하여 나았습니다. 하마터면 오진하여 말라리아로 죽을 뻔했을 수도 있는 상황이었습니다.

아프리카를 여행하면서 항상 문제가 되는 병이 바로 음식을 통해 걸리는 설사병입니다. 그래서 설사병이 발병하면 지참하고 다니는 약을 복용하며 지내야 했습니다. 몇 년을 이렇게 하며 지냈는데 갑자기 온몸이 미칠 지경으로 가려웠습니다. 피부 알레르기가 생긴 겁니다. 그래서 연구소 의사를 만나 진단을 받고 영국 런던에 있는 알레르기 클리닉을 찾아갔습니다. 식물에서 오는 알레르기라고 하기에 의사에게 "제가 식물을 연구하는 사람인데 어찌하면 좋습니까?"라고 물었습니다. 뾰족한 답이 없었습니다. 가려움은 특히 밤에 잘 때 심해서 너무나 고통스러웠습니다.

연구소에 상근하는 의사를 만나 영국 알레르기 클리닉에서 받은 진단서대로 약을 처방받아 복용했지만 그 약도 효과를 보지 못했습니다. 그 당시에는 뜨거운 열대 포장에서 일하고 집에 돌아오면 시원한 맥주 한 병을 아내와 함께 나눠 마시곤 했는데, 혹시 몰라서 마시던 맥주를 끊었더니 가려움이 수그러졌습니다. 맥주의 알코올도 작용했겠지만 식물 알레르기로 생긴 가려움이라고 하니 아마도 맥주에 들어간 호프가 문제가 되지 않았나 생각했습니다.

저는 아프리카에서 일하면서 자주 아프리카 여러 나라를 여행해야 했습니다. 때로는 일주일 내지 2주일간 집을 떠나 출장을 가기도 했습니다. 매우 험한 길을 형편없는 자동차로 가다가 비가 와서 길이 미끄러워 하마터면 콩고강에 떨어져 죽을 뻔한 적도 있었습니다.

대만을 방문했을 때는 타이난에서 타이페이를 자동차로 가다가 운전사 부주의로 10m 언덕에서 추락하는 바람에 갈비뼈 3개가 절골하여 고생하기도 했습니다. 강을 건너기 위해 페리를 몇 시간 기다리다가 도강하기도 했습니다. 특히 비행기로 여행할 때는 수시로 비행기가 연발 연착되었습니다. 프로펠러가 하나인 매우 작은 비행기를 타고 여행해야 했고, 에어컨 없이 무더운 비행장에서 장시간 기다린 적도 많았습니다. 가까스로 비행기 잡아타고 가다가 태풍을 만나 비행기가 심하게 흔들거려 추락 위험을 몇 차례 당하기도 했습니다.

아프리카 비행기는 퇴물 비행기여서 언제 고장 날지 모르는 상태였습니다. 그리고 아프리카 공항은 기상 정보를 입수하기 어려웠습니다. 토네이도가 몰려와도 미리 알 길이 없고 활주로도 엉망진창이었습니다. 연구소 직원 중 3명이나 비행기 추락으로 사망하기도 했습니다. 이렇게 병으로 또 재해로 인하여 언제 생명을 잃을지도 모르는 상황의 아프리카에서 23년간 가족과 함께 살며 무사히 일할 수 있었으니 너무나 감사하고 감사한 일입니다.

미국 클리블랜드에 가서 살았을 적에는 10여 년간 우리 내외가 정원을 가꾸며 살았습니다. 그러던 어느 날 정원 잔디밭을 손질하다가 갑작스럽게 어지러움을 느꼈습니다. 작은아들이 와서 혈압을 재더니 부정맥이 심하다고 해서 클리블랜드 클리닉에 가서 검진받고 혈압약을 복용해서 나아졌습니다. 또 한번은 아내가 소화가 잘되지 않아서 클리블랜드 메리마운트 병원에 가서 여러 검사를 받았는데, 유방암 증상이 있어 조직검사를 한 후 유방암 진단을 받았습니다. 조속히 병원에서 수술을 받았는데, 다행히 암 크기가 크지 않아 항암치료는 하지 않아도 되지만 호르몬 치료를 받아야 한다고 해서 아내를 데리고 수십 번 병원에 다녀왔습니다. 그러다가 2019년 어느 날, 열심히 기도하고 날마다 일기를 쓰던 아내가 일기 쓰기를 중단하고 자신이 누구인지 자꾸 잊어버렸습니다. 병원에 가서 검진받았더니 치매라고 했습니다. 땅이 꺼지고 세상이 무너지는 것 같았습니다.

2013년, 다시 한국으로 돌아오다

아프리카에서 미국에 가서 15년간 살았던 아내가 2009년 6월 9일에 첫 치매 증상을 보였습니다. 그 후 증상이 서서히 진행되어 날마다 아침저녁으로 기도하고 일기를 쓰던 일상이 이어지지 않았습니다. 자주 인양리(제 고향)와 천내리(아내의 고향)에 가자고 보채기 시작했습니다. 그러면 자동차에 아내를 태우고 한 바퀴 돌고 돌아와서 달래곤 했습니다. 우리 내외가 함께 잠자던 침실 문을 꼭 닫고 문 손잡이를 끈으로 묶어 제가 들어오지 못하게 막았던 적도 있습니다. 옛날에 자신과 불편한 관계에 있었던 사람들 이름을 하나하나 언급하며 불평을 늘어놓기도 하고 열쇠 꾸러미를 냉장고에 집어넣기도 했습니다. 그래서 클리블랜드 클리닉 치매 전문의를 찾아가 진단받고 약물 처방을 받아 치료를 시작했습니다. 하지만 증상은 더욱 심해져서 거동마저 불편한 상태에 이르렀습니다.

하루는 성당에 가서 새벽 미사 참례를 하고 있을 때 아내가 자기 몸을 가누지 못하고 주저앉아버렸습니다. 매우 걱정되는 상황이어서 클리블랜드 집 가까이에 있는 요양원을 찾아가 보았습니다. 마땅한 곳이 있으면 치매 걸린 아내를 맡기려 했습니다. 여러 군데 가봤지만 아프리카에서 제 뒷바라지하면서 고생고생한 아내를 언어와 풍습, 음식이 다른 그런 곳에 도저히 맡길 수가 없었습니다. 그래서 한국에 가서 집을 마련하고 요양보호사를 두어 아내를 돌보기로 했습니다. 아내를 휠체어에 앉혀 비행기를 타고 2013년에 귀국했습니다. 커다란 집, 그 많은 책, 애착에 젖은 가구들을 다 버리고 한국에 돌아왔습니다. 그러니까 1971년 한국을 떠나서 약 40년 만에 귀국한 겁니다.

얼마간 수원 큰딸 집에 머물면서 살 집을 구했고, 요양보호사를 두어 요양보호사가 아내와 함께 자면서 아내를 돌봐주도록 했습니다. 집에 방이 2개 더 있었지만 저는 거실에서 잤습니다. 요양보호사가 있어도 아내가 자다가 무슨 일이 생기면 얼른 가서 돌보려고 그렇게 했습니다. 저는 아내가 자는 침실에서 작은 소리만 들려도 깜짝 놀랐습니다. 낮에는 거실에 나와서 식사도 하고 소파에 앉혀 사람들과 대화하도록 했습니다. 멀지 않은 곳에 살고 있는 큰딸이 날마다 와서 돌봐주었습니다. 그리고 집 가까이에 있는 병원에서 치매 약을 처방받아 복용하도록 했습니다.

가끔 집사람을 휠체어에 태우고 밖으로 나가 아파트 단지 안에서 산책을 했습니다. 때로는 근처 호수공원에 나가서 주위를 구경하도록 했고 사람들도 구경했습니다. 이따금 자동차에 아내를 태우고 시골에 가서 당신 생모 묘소도 참배했습니다. 이렇게 한 5년간 비교적 잘 지냈습니다. 그러던 어느 날 아내를 휠체어에 태우고 호수공원에 산책하러 나갔습니다. 아내를 조금 걷게 하려고 휠체어에서 내려주는데, 그만 제가 힘겨워 아내를 놓치고 말았습니다. 그 바람에 아내가 넘어지면서 허리를 다쳤습니다.

큰 병원에 데리고 가서 깁스를 하고 몇 개월 치료를 받았습니다. 이 일이 생긴 후로 아내의 건강은 더 나빠졌습니다. 그러다가 추운 겨울이 왔습니다. 요양보호사가 아내를 데리고 나가 오랫동안 산책하는 바람에 아내가 심한 감기에 걸리고 말았습니다. 그 감기가 폐렴으로 번져 열이 많이 나서 아내를 병원에 입원시켰습니다. 그래서 하는 수 없이 아내를 맡길 요양병원을 찾기 시작했습니다. 몇 군데 가봤는데 어느 곳에는 환자 6명을 한 방에 집어넣고 돌보는 곳도 있었습니다. 모두 아내를 맡길 곳이 못 되어 친구의 소개로 꽤 괜찮다고 하는 요양원에 맡겼는데 경비가 만만치 않았습니다. 그래도 제가 할 수 있는 데까지 최선을 다해 아내를 마지막으로 편하게 지내다 보내고 싶은 마음으로 그곳에 보내기로 했습니다. 그 요양원에서 한 10개월을 잘 버텼는데 갑자기 폐렴이 발병해서 병원 응급실에 갔습니다. 그 이후 또 요양병원을 찾아다니는 다사다난한 여정을 겪었습니다. 이곳저곳 찾아서 겨우 입원시켰는데 거기서 아내를 잘 못 돌봐서 욕창이 생기고 다시 열이나 호흡이 곤란해서 다른 병원을 찾다가 구급차를 불러 겨우 다른 큰 병원에 입원시켰습니다.

병원에서 아내는 호흡이 곤란하여 매우 고통스러워했습니다. 거기서 3일간 치료하고 나니 다른 요양병원에 가라고 했는데 마찬가지로 요양병원을 찾기가 매우 어려웠습니다. 그래서 가만히 생각하다가 옛날 서울대 농대 동료 교수님에게 전화로 사정 이야기를 했습니다. 그랬더니 자기 남편이 전 서울대 의대 교수여서 그분의 제자 의사 선생님을 소개해 줘서 거기서 한 달간 잘 치료받아 비교적 안정적인 상태가 되었습니다. 그런데 그 병원에서도 한 달 이상 있을 수 없어서 다른 요양병원을 찾아야 하는 참으로 난감한 상황을 맞이했습니다.

다시 지인들에게 수소문해 다행히 가까이에 가장 마음에 드는 요양병원을 발견했습니다. 구급차를 아내와 함께 타고 요양병원으로 가는 길에, 얼마 전에 출간되어 나온 책 《작물의 고향》을 아내에게 보여 주며 "임자, 내 책 나왔어!"라고 말해 주었습니다. 늘 책이 나오면 기뻐하며 좋아했던 아내가 아무런 반응이 없어서 매우 슬펐던 기억이 납니다. 요양병원은 매우 깨끗하고 조용하고 시설도 좋았고 간호사와 간병인들이 친절하고 훌륭했습니다. 저도 안심이 되어 마음이 놓였고 아이들도 그 병원을 좋아했습니다.

2020년 9월 27일 저녁 갑자기 병원에서 전화가 왔습니다. 아내의 상태가 좋지 않다는 전갈이었습니다. 부랴부랴 서둘러 잠깐 한국에 와 있던 큰아들이 차를 몰고 큰딸과 같이 달려갔습니다. 벌써 아내를 병실에서 응급실로 옮겨 놓은 상태였습니다. 숨소리가 거칠어졌고 움직이지도 못하는 상태였습니다. 잠시 후에 마지막 숨을 거두었습니다. 21시 57분이었습니다. 그나마 아내의 마지막 순간을 함께할 수 있어 다행이었습니다. 23년간 외롭고 험한 나이지리아에서 자신을 희생하면서 제 뒷바라지를 해주었던 아내를 이렇게 영영 다시 올 수 없는 저세상으로 떠나보냈습니다. 아내의 시신을 장례장으로 옮겨 3일장을 치렀습니다. 그리고 2020년 9월 30일 청양군 청남면 동강리에 있는 저의 고향 선영 양부모님 산소 옆으로 안장했습니다. 제가 졸하면 합장하기로 미리 준비해 놓았던 곳입니다. 바로 가까이 옆 동리에 아내의 생가가 있고 항시 그리워하던 당신 생모의 묘소가 지척에 있습니다. 산소 바로 위에는 저의 7대조 효자공 할아버지의 산소가 있습니다. 묘소 뒤에는 나지막한 산이 있고 앞으로는 들판 너머 금강이 유유히 흐르는 곳입니다.

어떻게 하느님은 이런 분들을 내게 보내주셨을까?

저는 그동안 제가 이룬 모든 것들이 오로지 저의 힘이라 생각하지 않습니다. 가장 먼저 공을 돌릴 분은 영원히 저의 곁에 계실 하느님이시고 그 뒷줄에는 제 아내와 자식들 그리고 제 부모님이 있을 겁니다. 결국은 하느님의 이끌어 주시는 힘과 가족이 밀어주는 힘으로 그 험한 아프리카에서 여러 사람을 살릴 귀한 연구 실적을 이루어 낼 수 있었습니다. 이 책을 쓰면서 그 고마움을 꼭 표현하고 싶었습니다. 하느님, 저 한상기를 잘 이끌어 주셔서 감사합니다. 그리고 아내 김정자 필로메나, 큰딸, 큰아들, 작은아들, 막내딸… 저를 믿고 묵묵히 따라와 주어서 고맙습니다.

그런데 책을 쓰면서 돌아보니 저에게 크든 작든 도움을 준 분들이 참 많다는 걸 새삼 느낍니다. 결국 제가 살아가면서 제 연구로 맺은 귀한 인연들입니다. 그래서 이번 기회에 제 인연 속으로 들어온 그분들을 한 분씩 불러내어 감사의 마음을 담아 보고자 합니다. 제가 이렇게 하는 이유는, 생각으로만 감사를 표현해서는 안 된다는 생각과 이렇게 글로 남기면서 책을 읽는 분들 역시 주변에 자신을 지지하고 응원하는 분들이 많다는 걸 알아주셨으면 하는 마음입니다.

빌 갬블 박사(Dr. William Gamble)

제가 23년간 몸담고 일한 국제열대농학연구소에 가서 3년 차 되던 해에 제2대 소장으로 부임해온 갬블 박사님(Dr. William Gamble)을 맞이했습니다. 저를 가장 아껴 주시고 제가 하는 연구를 적극적으로 지원해 준 참 고마운 분입니다. 이분이 부임하고 탄자니아의 서부 빅토리아 호수 가까이에 있는 매우 외진 만자 농업연구소에 갔을 때, 연구소의 방명록을 보고 제가 벌써 그곳을 다녀간 것을 알고 깜짝 놀랐다며 저를 칭찬해 주셨습니다. 그래서인지 그 후 저의 연구에 적극적으로 지원해 주었습니다. 아직도 생존해 계신데 올해 104세이십니다. 이분은 미국 아이오와주 빈농의 출신으로 어렸을 때 새벽 일찍 일어나 농장 소젖을 짜서 자전거에 싣고 도시로 배달해 주며 학교를 다녔답니다. 사람들과 힘차게 악수를 할 때마다 어렸을 적에 소젖 짜기를 많이 한 덕분에 손힘이 강하다며 자랑하곤 했습니다.

하트만 박사(Dr. E. Hartmans)

국제열대농학연구소의 제3대 소장으로 계셨던 분이십니다. 미국인 농업경제학자로 세계식량기구의 국장을 역임했습니다. 이분은 저의 열대 구근작물 연구를 높게 평가하고 극진히 지원해 주셨습니다. 하트만 소장은 제게 연구소의 1,500명의 노무자와 연구소 간에 협상 책임자를 맡겨 주셨는데 사회 물정을 누구보다 많이 알고 체험하신 분이 제게서 무엇을 보시고 그리하셨는지 알 수 없습니다. 저는 그런 경험도 없었고 능력도 없는 사람인데 어찌 연구소의 그런 중책을 맡겨 주셨는지 모르겠습니다. 그래서 노무자들과 협상하는 방법을 책을 통하여 준비했습니다. 연구소의 1,500명 노무자들은 자주 데모를 했습니다. 데모를 하면 연구소의 전기 발전소를 닫아 버리고 때로는 파괴하기도 했고 정수기 탱크 물을 다 쏟아버렸으며 일을 중단했기 때문에 연구소가 전면 중지되었습니다. 폭염지대에 위치한 연구소와 연구원 사택에 전기도 냉방도 돌아가지 않아 피해가 이만저만 큰 것이 아니었습니다. 때로는 연구소 자동차도 파괴하기도 했고 연구소 출입을 막아 버려 옴짝달싹 못 하기도 했습니다. 이처럼 그들의 데모는 매우 파괴적이어서 연구소와 연구원들에게 피해가 엄청 컸습니다. 여하튼 제가 맡아 협상하면서 연구소가 설립된 이래 가장 안온하고 평화스러운 5년을 보낼 수 있었습니다. 그 후 미국 록펠러 재단 총재를 역임한 분이 새로운 소장으로 부임해 와서 저는 협상 책임자를 그만두었습니다.

오키그보 박사(Professor Dr. B. D. Okigbo)

국제열대농학연구소에 부임한 다음 해 1972년 전쟁 중에 파괴된 나이저강을 페리로 건너 동부 나이지리아에 있는 나이지리아대학교를 방문하여 농과대학의 학장 오키그보 박사(Professor Dr. B. D. Okigbo)를 뵈었습니다. 오키그보 박사님은 미국 명문 코넬대학교에서 1958년에 박사 학위를 받으셨습니다. 미국에서 훌륭히 교육받은 분이 당시 영국 식민지였던 나이지리아에 귀국하여 이바단대학교에 취직하지 못하고 이바단에 있던 농업시험장에 일자리를 얻었다고 합니다. 그런데 영국인들이 박사님에게 기사자리도 주지 않아 겨우 기수 정도로 일하며 매우 푸대접을 받았습니다. 박사님은 기억력이 매우 뛰어나 컴퓨터 같은 명석한 두뇌를 지녔고 덕망이 두터웠습니다. 1960년 나이지리아가 독립된 후 미국의 원조로 동부 나이지리아에 나이지리아대학교가 설립되어 그 대학교에 가서 곧바로 농과대학 학장이 되었습니다. 그러고 얼마 안 되어 나이지리아의 혹독한 내란인 비아프라 전쟁이 발발했습니다. 그러니까 제가 그분을 만난 것은 비아프라 전쟁이 종식되고 3년 차 되던 해였습니다. 대학교가 다 파괴되어 엉망진창이었고 교수들의 생활도 매우 어려웠던 때였습니다.

오키그보 박사는 동부 나이지리아의 명문가의 출신으로 동생이 나이지리아 재무장관도 지냈습니다. 후에 박사님이 국제열대농학연구소의 부소장으로 부임해 오셔서 저를 매우 아껴주셨고, 기네스 과학공로상에 추천해 주셨습니다. 하루는 오키그보 박사님이 출국 준비를 해야 하는데 바빠서 머리를 깎지 못했다고 해서 제가 박사님 머리를 깎아 드리기로 했습니다. 늘 아내의 머리를 깎아 주었기 때문에 박사님 머리도 잘 깎을 수 있다고 생각했는데, 박사님의 곱슬머리는 우리 머리카락과 달라 자르고 보니 울퉁불퉁하게 되어 버렸습니다. 거울을 보고 울그락불그락 달아오른 오키그보 박사님의 얼굴을 떠올리면 지금도 웃음이 저절로 나옵니다.

오드리 하울랜드 여사(Mrs. Audrey Howland)

영국인으로서 케냐에 있는 영국의 저명한 농생물학자 스토리(Story) 박사 연구실에서 오랫동안 조수로 일했습니다. 옥수수 바이러스와 땅콩 바이러스에 대해 획기적인 연구를 한 분이셨습니다. 남편이 케냐에서 나이지리아로 전근을 오게 되어 직장을 구하다가 이전에 케냐에서 알던 영국인 옥수수 연구부장을 만나러 왔는데, 그 연구 부장이 하울랜드 여사를 제게 소개해 주었습니다. 저는 국제열대농학연구소에서 이분을 만난 것이 참으로 행운이었습니다. 하늘이 내려준 은사였습니다. 하울랜드 여사를 만나고 천군만마를 얻은 기분이라 바로 그분을 제 조수로 채용하려 했습니다. 그런데 연구소 인사 정책상 외국인을 조수급으로 채용할 수 없었습니다. 그래서 연구소 인사과장에게 가서 매우 뛰어난 연구를 하신 분이고 제 연구에 꼭 필요한 분이니 채용을 허락해 달라고 간곡히 청해서 결국 허락을 받았습니다. 그때 저는 40세 정도였고 그분은 53세 정도였으니 나이 차이가 13년은 되었습니다. 이분은 관절염으로 다리 통증이 있으면서도 뜨거운 포장에 나가 시험포장을 조사해 주었고 부족한 저의 영어를 많이 교정해 주어서 연구에 큰 도움을 주었습니다. 하울랜드 여사는 저와 함께 7~8년간 일하면서 이렇게 말하곤 했습니다. "한 박사는 내가 케냐에서 모셨던 그 유명한 스토리 박사보다 더 훌륭하네(brilliant)."

닉 알바레즈 박사(Dr. Nic Alvarez)

닉 알바레즈 박사는 식물육종학자로 저희 연구소에 포닥으로 와서 저와 함께 연구하다가 제가 르완다에 협력 프로젝트를 만들어 그곳 연구원으로 파견을 보냈습니다. 3년 후에는 말라위 프로젝트를 만들어 말라위에 파견되었습니다. 참 고생을 많이 한 사람입니다. 벨리즈 사람으로 미네소타대학교에서 박사 학위를 받은 후에 미국 델라웨어대학교 국제협력국장으로 활약했습니다. 매우 충직한 동료여서 제가 그 자리에 추천서를 보내 주었습니다.

추쿠마(Mr. Innocent Chukwuma)

저의 나이지리아 현지인 조수입니다. 나이지리아 동부 농업 전문학교를 나와서 대학 학사 학위 자격이 없어 제가 처음 채용했을 때 4급이었습니다. 그런데 미스터 추쿠마가 제 팀에 들어와 일을 성실하게 아주 잘해서 그다음 해에 5급으로 승진시켰습니다. 5급은 대학 졸업자가 받을 수 있는 직급입니다. 그런 다음 몇 년 후에 6급으로 승진시켰습니다. 6급은 대학원 출신이 받을 수 있는 직급이었습니다. 연구소 내에서 그리고 나이지리아 여러 지역에 가서 카사바 계통, 얌 계통, 고구마 계통의 포장시험을 아주 잘 수행해 주었고 시험성적 분석까지 해주어 제 연구에 큰 도움을 주었습니다. 그 덕분에 저는 밀려오는 업무와 해외 출장 그리고 논문 작성 등에 열중할 수 있었습니다. 저는 그가 비록 저보다 나이가 어린 조수였으나 그를 꼭 미스터(Mr.) 추쿠마라 불렀습니다. 성실하고 정직하고 예의 바르며 무슨 일이든 열심히 해서 완전히 신임하고 일을 맡길 수 있었습니다. 그의 아내는 초등학교 교사로 동쪽 시골 초등학교에서 대도시 이바단대학교 부속 초등학교에서 교편을 잡고 있었습니다. 아내도 매우 점잖고 예의 바른 사람이었습니다.

라왈 여사(Mrs. Karena Lawal)

라왈 여사는 10여 년간 비서로 일한 분이십니다. 독일인으로 독일에서 의과대학을 다닌 나이지리아 산부인과 의사와 결혼하여 이바단 시에 오게 되었습니다. 라왈 여사는 매우 조직적이고 근면 성실하며 꾀부리지 않아 공무 일을 편안히 맡길 수가 있었습니다. 그리고 쌓여 오는 서신에 대한 회답도 구두로 말하면 라왈 여사가 속기로 받아 적어서 연락해 주고는 했습니다. 행정적인 일을 모두 잘 처리해 준 덕분에 제가 연구에 몰두할 수 있었고 아프리카 여러 나라에 출장을 다니면서 일할 수 있었습니다.

포레스트 힐 박사(Dr. Forest Hill)

녹색혁명을 낳은 국제열대농학연구소는 미국 포드 재단과 록펠러 재단에서 건설비와 운영비를 지원해 설립되었습니다. 그 이후로 지금까지 농업과 식량 관련된 국제연구소가 16개 설립되어 있습니다. 포레스트 힐 박사는 미국 포드 재단의 부총재를 역임하고 그전에 코넬대학교의 경제학 교수였습니다. 세계 식량난을 해결하기 위해 여러 곳에 국제농학연구소를 설립하는 데 크게 공헌하신 분이십니다. 제일 먼저 설립한 국제농학연구소는 필리핀에 세운 국제미작연구소(IRRI)로 통일벼를 만든 곳으로 유명합니다. 두 번째로 설립한 연구소는 멕시코의 국제밀옥수수연구소(CIMMYT)입니다. 이 연구소에서 일한 노먼 볼로그 박사는 열대지방에서 내병다수성 밀을 만들어 멕시코와 인도에 대대적으로 보급해서 '녹색혁명'을 일으킨 육종학자로 1970년에 노벨평화상을 수상했습니다. 세 번째 설립한 국제농학연구소가 바로 제가 23년간 몸담고 일한 나이지리아의 국제열대농학연구소(IITA)입니다. 그 뒤를 이어 콜롬비아의 국제열대농업센터(CIAT)와 페루의 감자연구소(CIP)가 차례로 설립되었습니다. 포레스트 힐 박사님은 세계 곳곳을 다니면서 저를 소개해 주셨던 분입니다. 저는 그분께 많은 사랑을 받았습니다. 그런데 박사님이 업적만큼 널리 알려지지 않은 듯하여 아쉽습니다. 국제농학연구소들은 포레스트 힐 박사님의 은덕을 절대 잊어서는 안 됩니다.

맥나마라(Mr. Robert McNamara) 세계은행 총재

제 연구 성과를 여러 나라에 알려주신 분이 또 있습니다. 바로 전 세계은행 맥나마라 총재입니다. 이분이 1973년에 국제열대농학연구소에 들렀을 때 카사바 연구상황을 보고했는데, 아프리카 여러 나라를 다니면서 저의 카사바 연구 성과에 대해 알려주셨고 아프리카 지도자 포럼에서도 저의 카사바 연구 결과를 소개해 주셨습니다. 맥나마라 총재는 세계농업발전의 중요성을 인식하고 세계은행에 국제농학연구소를 관장하는 국제농업개발연구자문기구(CGIAR)를 설립하여 후원해 주셨습니다. 앞날을 내다보고 세계 식량안전에 기여한 분입니다.

제임스 그랜트(James P. Grant) 유니세프 사무총장

내병다수성 카사바 소식이 바다 건너 미국에까지 알려지고 나서, 1980년에 유니세프(UNICEF)를 창설하여 1995년까지 15년간 사무총장으로 재임하신 제임스 그랜트 사무총장이 국제열대농학연구소에 들러 주셨습니다. 명석한 두뇌, 커다란 비전, 혁혁한 추진력의 소유자로 알려진 분이었습니다. 그분이 연구소를 찾아온 이유는 카사바가 가난한 아프리카 산모들의 작물이어서 그들이 직접 카사바를 재배하고 또 그것을 가공하여 가족을 먹여 살려야 하고 산모 자신들과 어린아이도 먹여 살려야 하기 때문이라 했습니다. 또 아프리카 부녀자들이 카사바를 직접 재배하고 가공하여 시장에 내다 팔아 보다 나은 생계를 이루도록 하기 위한 것이라 했습니다. 그런데 카사바는 영양가가 적고 또 독성인 청산이 들어 있기 때문에 카사바에 의존하고 살아가는 가난한 아프리카 산모와 유아들의 영양, 건강, 위생 문제를 어떻게 증진시켜 산모와 유아들의 건강을 지켜줄 수 있을지 해답을 찾기 위하여 국제열대농학연구소를 방문했습니다. 그런 심각한 문제를 개선하기 위하여 우리 연구소와 유니세프가 협력하여 여러 차례 회동하고 아프리카 여러 곳을 돌아다니면서 회의도 하면서 해답을 구하려 했습니다. 당시 그랜트 유니세프 사무총장과 함께 찍은 사진을 액자에 넣어 은퇴하여 미국에 갈 때도 갖고 가서 서재에 걸어 두었습니다.

이석순 박사

이석순 박사는 서울대 농대 제자입니다. 제가 서울대 농대를 휴직하고 나이지리아로 떠나면서 한국에 두고 간 큰딸을 이석순 박사 내외에게 맡기고 돌봐달라고 부탁했습니다. 이석순 박사 내외가 제 아이를 가족같이 잘 보살펴 줘서 매우 고맙고 미안한 마음을 금할 길이 없습니다. 이 박사는 그 후 영남대학교에 교수로 가서 영남대학교 농생명과학대학 학장, 교학처장도 역임했습니다. 무척 고맙고 고마운 분입니다.

김광호 박사

김광호 박사도 서울대 농대 제자입니다. 이석순 박사가 저의 큰딸을 돌봐주다가 영남대학교에 가게 되어 당시 농촌진흥청에 근무하던 김광호 박사에게 제 큰딸을 돌봐달라고 청했는데, 김 박사 내외분이 흔쾌히 받아주었습니다. 그러고는 제가 지은 집으로 가서 제 큰딸을 가족같이 잘 돌봐주었습니다. 참으로 고맙기 한량없습니다. 김광호 박사는 그 후 건국대학교에 교수로 가서 농생대 학장도 지냈습니다. 이처럼 저는 제자분들이 저를 아껴주어서 너무나도 감사하기 이를 데가 없습니다. 모두 저와 우리 가정에 덕을 베풀어 준 분들입니다.

에필로그

다음 세대의 생명을 위해 종자 연구, 작물 연구는 계속되어야 합니다

한국, 아프리카, 미국, 그리고 다시 한국. 참 먼 길을 돌아 수원의 한 아파트에서 이 글을 씁니다. 어릴 적 이웃의 가난을 목격하며 그들이 배부르게 살 방법이 없을까 고민하다가 식물육종학자의 길을 걷게 되었습니다. 저는 목표가 분명한 사람이었습니다. 가고자 하는 길이 뚜렷했습니다. 꼭 우장춘 박사님과 같은 사람이 되어서 우리나라의 배고픔을 해결해 주고 싶었습니다. 그래서 서울대학교에 입학했고 그곳에서 저의 평생 은인인 선생님들을 만났습니다. 그 선생님들이 아니었으면 저는 아프리카도 가지 못했을 것이고 이런 글을 쓸 수도 없었을 겁니다.

제가 여러 권의 책을 냈지만 늘 원고를 쓰는 일이 연구하는 것보다 어렵다는 걸 느낍니다. 그러나 책을 쓴다는 것은 저의 인생을 돌아보는 아주 중요한 기회이기에 식물유전육종학자의 길을 중심으로 제가 걸어온 인생을 차분히 정리해 보았습니다. 여기저기 정리한 글은 많지만 나이 90이 넘다 보니 기력이 조금 떨어지고 집중력도 떨어지더군요. 글을 쓰다가 멈추고 또 좀 쓰다가 멈추었습니다. 그러나 매일매일 운동을 하듯 그렇게 조금씩 저의 학자 인생을 돌아보았습니다. 그 과정에서 저는 참 복이 많은 사람이라는 생각을 했습니다. 그래서 늘 감사한 마음으로 여생을 보내고 있습니다.

제가 받은 가장 큰 복은 부모님일 겁니다. 부모님의 교육열이 학자의 길을 열어 주었습니다. 배움도 때를 놓치면 안 된다는 가르침 덕분에 수백 번, 수천 번 포기할 뻔한 상황도 이겨낼 수 있었습니다. 부모님 다음으로 고맙게 생각하는 복은 아내 김정자 필로메나입니다. 아내는 그 험한 아프리카로 떠나는 결정을 받아들여 주었고 아이들을 다 떠나 보내고 홀로 너무나 힘든 상황에서도 저를 내조해 주었습니다. 그리고 이 책을 쓰면서 너무 미안한 마음이 드는 사람들이 우리 아이들입니다. 저는 딸 둘, 아들 둘을 낳았는데 그 아이들을 다른 아이들처럼 평범하게 키우지 못했습니다. 낯선 땅에서 당황해하던 아이들 모습을 떠올리면 마음이 참 무거워집니다. 다행히도 아이들이 한국에서 또 나이지리아에서도 그렇고, 미국에 유학 가서도 아주 잘 적응하고 공부도 열심히 해서 잘 살고 있습니다. 이게 얼마나 고마운 일인지 모릅니다.

저의 학자 인생은 고마운 사람들로 채워져 있습니다. 저를 가르치고 키워 주신 선생님들뿐만 아니라 아프리카에서 함께한 연구원들, 그곳 현지인들, 각 나라의 원조처 그리고 학자분들이 저에게는 큰 은인입니다. 이 책을 쓰면서 그분들을 한 분 한 분 소중히 떠올리며 감사의 마음을 가져 봅니다. 결국 아프리카 속담이 딱 들어맞습니다. 혼자 꾸는 꿈은 꿈이지만 같이 꾸는 꿈은 현실이 되는 것 같습니다. 아프리카에서는 카사바 개량이라는 하나의 꿈을 향해 같이 움직였습니다. 병든 카사바를 살려야 굶어 죽어 가는 아프리카를 살릴 수 있었습니다. 그래서 제 모든 능력을 내병다수성 카사바에 집중했고 그 과정에서 참 많은 사람들이 도움을 주었습니다.

그때 개발한 내병다수성 카사바는 지금도 병에 걸리지 않고 아주 건강하게 아프리카 사람들의 주식이 되고 있습니다. 심지어 그 카사바가 아프리카 여러 나라로 퍼져나가서 아프리카 사람들이 즐겨 찾는 음식이 되었습니다. 우리나라 소주에도 카사바가 들어가 있을 정도입니다. 제 인생에서 카사바는 빼놓을 수 없는 키워드입니다. 카사바 덕분에 한국인 최초로 아프리카 추장이 될 수 있었습니다. 카사바 덕분에 영국과 미국 그리고 브라질에서 상을 받았고, 한국에 와서도 농업기술인 명예의 전당에 오를 수 있었습니다. 카사바가 제 인생을 들었다 놨다 한 겁니다.

나이지리아에 처음 도착했을 때 굶주림에 고통받는 아프리카 사람들을 마주했습니다. 그래서 더 연구에 몰입했을 겁니다. 가족들의 아픔은 뒤로 제쳐놓고 그들을 살리기 위한 연구에 집중했습니다. 그게 농학자가 가야 할 길이라 생각했습니다. 어떤 명예나 물질적 보상을 위해서 한 일이 아닙니다. 그런데 그 일이 성공한 이후에 참 많은 보상이 뒤따라왔습니다. 우리 후배들도 이 길을 걸어갔으면 합니다. 어떤 명예나 물질적 풍요만을 바라보며 목표를 잡지 마십시오. 특히 농학자의 길을 걸어가는 후배들은 자기의 연구 하나가 우리 인류를 살린다는 성대한 목표를 가지고 도전하십시오. 다만 한 가지 부끄럽고 죄송스러운 것은 한국에 남아 우리나라 농업발전에 기여할 수 없었던 것입니다. 그 점이 늘 죄송하고 후회됩니다.

기후위기가 왔습니다. 인간이 만든 공해가 인간을 위협하고 작물을 위협합니다. 생태계가 파괴되면 작물에도 영향이 미칩니다. 작물이 없으면 우리 식탁에도 위기가 찾아옵니다. 언제까지 이런 배부름의 풍요가 대한민국 혹은 전 세계에 계속될 것이라고 장담할 수 없습니다. 미리 대비하지 않으면 하늘은 반드시 경고할 것입니다. 계속된 경고를 무시하면 우리의 생명은 물론이고 우리 자식들, 후손들의 생명까지 위협받을 수 있습니다. 저는 곧 인생을 마무리하겠지만 다음 세대에 위기를 넘겨주고 싶지 않습니다. 그래서 조금 단호하게 부탁드립니다. 제가 미처 못한 작물에 대한 연구, 종자에 대한 연구, 농학에 대한 연구를 계속 이어 받으셔서 다음 세대의 위기를 막아 주십시오. 여러분들의 아들딸에게 식량의 위기를 넘겨주지 말았으면 합니다.

저는 《작물의 고향》이라는 책을 쓰면서 한국방송통신대학교 출판문화원과 인연을 맺었습니다. 그때 참 많은 도움을 받았습니다. 그리고 나이 90이 넘어 다시 한국방송통신대학교 출판문화원과 손을 잡았습니다. 이 책은 출판문화원의 권유로 시작되었습니다. 식물육종학자로서 걸어온 길을 정리해 달라는 부탁이었습니다. 물론 제 개인적인 이야기를 쓰고 싶은 충동도 많았습니다. 그러나 최대한 학자의 길에 관한 이야기, 농학에 관한 이야기, 우리 후배 농학도들에게 도움이 될 만한 이야기를 정리하려고 했습니다. 그 과정에서 한국방송통신대학교 출판문화원의 신경진 선생님과 저의 흐릿한 기억과 자꾸 다른 길로 가려는 글을 바로잡아 준 조양제 작가님에게 감사의 말씀을 드립니다. 늘 그렇지만 제 곁에는 좋은 인연들이 저의 복을 완성해 주는 것 같습니다.

페이스북을 한 지 10년이 넘었습니다. 페이스북은 먼 나라에 있는 제 지인들을 연결해 주고 저의 부족한 지혜를 채워 줍니다. 이 책을 쓰면서도 글이 잘 안 풀릴 때 페이스북에서 에너지를 얻곤 했습니다. 저에게 늘 따뜻한 응원의 말씀을 주시던 '페친' 여러분들에게도 감사드립니다.

농사는 천하의 근본이고 작물은 우리 생명의 뿌리입니다. 우리가 행복하려면 아무리 돈이 많아도 소용이 없습니다. 잘 먹고 잘 사는 게 최고입니다. 그러려면 우리 식탁에 건강한 작물이 올라와야 합니다. 진리는 거창하지 않습니다. 잘 먹고, 잘 자고, 잘 싸고, 잘 걸으면 됩니다. 나이 90이 넘어서도 사람들을 만나고 같이 식사를 하는 것도 그 간단한 진리를 잘 지켰기 때문입니다. 거창하지 않은 기본을 지키며 살면 행복도 매일매일 채워집니다. 저는 여러분들이 배고프지 않고 죽을 때까지 더 건강하고 행복하게 살기를 바라는 농학자입니다.

나이 90이 넘어도 하고 싶은 일이 많습니다. 100세를 넘긴 김형석 박사님만큼은 아니지만 저도 아직 열정이 있는 사람입니다. 그래서 책을 읽고 영화나 드라마에도 빠져들고 우리나라 노래 트로트도 즐겨 듣고 있습니다. 페이스북으로 젊은 사람들과 소통합니다. 소통하면서 제 생각을 나눕니다. 그런 과정이 제 기억력을 지탱해 주는 것 같습니다. 이 책은 그 나눔을 실천하는 과정입니다. 독자 여러분들과 건강한 지혜를 함께 나누고 싶습니다. 혼자 가면 빨리 가지만 같이 가면 멀리 갑니다. 우리 같이 손을 잡고 건강하게 멀리 걸어갔으면 좋겠습니다. 감사합니다.

수원 집 거실에서
초록 옷을 입은 도시 풍경을 바라보며
한상기

추천사

대한민국은 세계 5위 수준의 종자 강국입니다

– 국립농업과학원 농업유전자원센터 이주희 센터장

저는 2020년 한상기 박사님의 저서 《작물의 고향》을 읽고 유전자원 분야에서 서부 아프리카 원산의 작물들을 언급한 훌륭한 한국인이 있었는데 그동안 왜 몰랐을까 생각한 적이 있습니다. 어떻게 하면 박사님과 인연이 닿아 한국 농학의 미래에 대해 이야기를 나눌 수 있을까 늘 마음에 두고 있었습니다. 그런데 곧 그런 기회가 찾아왔습니다. 농업유전자원센터 초대과장님이신 안완식 박사님을 센터에서 뵙고 우연히 《작물의 고향》 저자에 대한 이야기를 나누던 중이었습니다. 한상기 박사님이 안 박사님의 지인이라는 말씀을 듣고 바로 연락처를 달라고 부탁했습니다. 그렇게 한 박사님께 직접 연락을 드려 세미나 요청을 하게 되었습니다. 저는 센터 직원을 박사님이 계시는 수원으로 보내 전주까지 모셔왔고, 세미나에서 처음 박사님을 만났습니다.

당시 거동이 불편하신 한 박사님 댁을 직원들과 함께 방문하여

1970년대 아프리카 출국 전에 은사이신 류달영 교수님께서 한 박사님에게 '가교사해 홍익인간(架橋四海 弘益人間, 세상에 다리를 놓아 널리 인간을 이롭게 하라)' 액자를 주시며 이 문구대로 아프리카에 가서 역할을 수행하라고 말씀하셨다고 합니다. 이제는 한상기 박사님이 농업유전자원센터에서 이런 의미대로 역할을 수행해 보라며 그 액자를 건네주셨습니다. 또한 서부 아프리카에서 가져오신 검정색 목각 조형물과 7세기경 철기시대 유물 모조품, 각종 아프리카 원산의 종자들을 기증해 주셨습니다.

이후 농촌진흥청 60주년 기념 헌액 대상자 추천과 관련하여 저희 센터에서 '국제협력 농업' 분야에 한상기 박사님을 추천했습니다. 농업과 관련된 훌륭한 분들이 많이 추천되었지만 헌액 대상자 최종 네 분 중 한 분으로 한 박사님이 선정되었습니다. 헌액식에서 네 분 중 유일한 생존자로서 90세가 넘는 나이에도 불구하고 그동안의 업적에 대해 발표하셨습니다. 코로나19로 인해 많은 분들이 참석하지 못해 아쉬운 점도 있었으나, 저는 세계적으로 훌륭하신 분을 알게 되고 세미나도 듣고 이렇게 헌액 대상자로 추천하여 선정되는 그 모든 과정을 지켜보며 감동이 참 컸던 것으로 기억합니다.

저희 농업유전자원센터는 다양한 농업유전자원을 안전하게 보존하는 국가기관으로서 다양한 작물의 종자들을 보유하고 있습니다. 이러한 종자들은 국가에서 육성한 품종과 민간에서 육성한 품종뿐만 아니라 외국에서 도입된 품종들도 있으므로 모두 다 나열하기는 어렵습니다. 한 박사님은 아프리카 식량위기를 해결한 공로가 아주 크신 분입니다. 아프리카의 식량위기는 국가별로 격차가 있겠지만 지금도 현재 진행형으로 여겨집니다. 현재 우리 인류의 식량위기는 전쟁, 코로나19 등 국제적인 이슈가 발생하지 않고 국가간 무역이 원활하다면 크게 문제가 되지는 않을 것으로 봅니다. 하지만 국제적 이슈로 인해 무역장벽이 높아지면 자국민들을 위한 보호무역으로 방향을 틀게 되므로 각 나라별로 자급자족할 수 있는 식량정책 방안이 필요할 것입니다.

농업유전자원센터에서 주로 연구하고 있는 농업유전자원의 종 다양성 확보는 유전자원 분야에서 가장 중요한 업무입니다. 국내에 분포하고 있는 야생종과 재래종을 수집하고, 국내에서 육성한 품종들을 확보하며, 국내에는 없는 자원들은 국제기구와 각국의 종자은행을 통해 공식적인 방법으로 확보합니다. 분양 가능한 종자량을 갖추고 발아율이 85%인 자원들은 IT000000 번호를 부여해 국가자원화하고 있습니다. 그리고 중기(4도), 장기(-18도), 초저온(-196도)으로 안전하게 보존합니다. 국내에는 전주와 수원의 종자저장시설, 봉화 씨드볼트 이렇게 세 곳에 나누어 보존하고, 국외에는 노아의 방주로 알려진 동토인 스발바르 국제종자저장고에 자원주권을 주장할 수 있는 토종자원과 국내육성 품종 위주로 블랙박스의 형태로 보존해 왔습니다. 앞으로도 10년 동안 연간 약 4,000개 자원씩 스발바르 국제종자저장고에 보존할 계획입니다.

자원들의 가치를 부여하기 위해 포장(밭)에 종자들을 전개하여 농업적 특성을 조사하고, 기능성 및 병저항성 분석을 하여 자원 특성들을 데이터베이스로 구축하며, 씨앗 마당 홈페이지에서 수요자들에게 공개하고 수요자들이 분양 요청을 하면 자원을 분양하여 활용을 확대하고자 노력하고 있습니다. 최근 코로나19 팬데믹과 우크라이나-러시아 전쟁으로 인해서 식량의 국가 간 이동이 많이 차단되고 있습니다. 토종자원을 잘 지켜내는 것은 우리 후손들을 위해서 아주 중요한 일입니다. 우리나라는 현재 베트남과 몽골 등 10개국에서 기탁한 해외 종자를 보존하는 등 세계 5위 수준의 종자 강국으로 평가받고 있습니다. 앞으로도 이 실력과 자부심을 계속 이어나갈 것입니다.

박사님이 개발한 '슈퍼 카사바' 품종처럼 종자의 중요성은 앞으로도 계속 높아질 것이며 박사님의 후배 연구원들은 우리의 토종

종자들을 지켜내는 데 모든 역량을 집중해 나가고 있습니다. 존경하는 한상기 박사님의 생애와 연구 업적을 담은 자서전의 출간을 진심으로 축하드리며, 앞으로 박사님의 열정을 이어받아 세계 농학계에 대한민국의 위상을 높여 가도록 더욱 연구에 매진할 것을 다짐해 봅니다.